SHIPIN WEIBO GANZAO
JISHU JI ZHUANGBEI

食品微波干燥
技术及装备

段续 著

化学工业出版社

·北京·

如今，人们对于食品的安全和营养要求不断提高，促进食品处理技术不断进步。食品微波干燥技术是近年来发展极快的食品处理技术，相比传统技术，营养成分保留率高，节能接近 50%，处理时间缩短 50%，经济效益明显。本书结合作者多年的科研经验，详细介绍了食品微波干燥技术的原理、工艺参数设计以及设备性能，适宜相关技术人员参考。

图书在版编目（CIP）数据

食品微波干燥技术及装备/段续著．—北京：化学工业出版社，2020.5

ISBN 978-7-122-36366-4

Ⅰ.①食… Ⅱ.①段… Ⅲ.①微波技术-应用-食品加工-干燥-研究 Ⅳ.①TS205.1

中国版本图书馆 CIP 数据核字（2020）第 035245 号

责任编辑：邢　涛　　　　　　　　　文字编辑：林　丹
责任校对：刘曦阳　　　　　　　　　装帧设计：韩　飞

出版发行：化学工业出版社（北京市东城区青年湖南街 13 号　邮政编码 100011）
印　　装：涿州市般润文化传播有限公司
710mm×1000mm　1/16　印张 11　字数 176 千字　2020 年 6 月北京第 1 版第 1 次印刷

购书咨询：010-64518888　　　　　　售后服务：010-64518899
网　　址：http://www.cip.com.cn
凡购买本书，如有缺损质量问题，本社销售中心负责调换。

定　　价：88.00 元　　　　　　　　　　　　版权所有　违者必究

前　言

　　如何快速而经济地干燥食品并保持其良好品质，一直是食品工程领域的重要研究方向之一。常规的食品干燥方法耗时长、速度慢，由表及里形成负的温度梯度，不利于水分蒸发，干燥表层先干会阻碍内部水分的扩散。采用热风干燥要消耗大量的燃气或燃油，这不仅污染环境，而且会对食品的营养价值产生不良影响。而微波干燥不同于热风及其他干燥方式，食品吸收微波后内部直接升温，形成较小的正温度梯度，有利于内部水分的扩散，使干燥速度大大加快，是一项值得深入研究的新技术。

　　本书著者多年来一直从事农产品干燥技术的研究，近年来在食品微波干燥方面取得了一些进展，研究开发了以微波冷冻干燥和真空微波干燥等为代表的多种微波干燥技术与相关产品。近年来，著者承担的国家重点研发计划项目"果蔬干燥减损关键技术与装备研发（2017YFD0400900）"、河南省自然科学基金项目"果蔬冻干-真空微波联合干燥过程中的外观品质劣变途径（18230041006）"、国家自然科学基金项目"介电特性作用下的果蔬微波冷冻干燥行为及机理（U1204332）"、国家自然科学基金项目"果蔬微波冷冻干燥中的孔道演变对其电磁行为和干燥过程的影响机制（31671907）"、国家自然科学基金项目"基于太赫兹实时监测的果蔬微波冷冻干燥过程水分分布与电磁耦合机制及调控（31972207）"等相关研究内容都与微波干燥相关，本书也正是这些阶段性成果的初步总结。本书着重反映我们自己的研究成果，来供国内外同行交流学习，同时也介绍了一些国内外同行的研究进展。

　　本书的主要读者对象是从事食品干燥的科技人员、研究生和本科高年级学生；本书实用性很强，辐射面很宽，既属于食品加工技术范畴，又涉及工程技术领域，同时还与环境工程、食品工业、农业科学等有密切的关系；本书坚持科学研究与推广普及二者有机融合，在内容上充分考虑技术的前沿性，同时紧密结合生产实际。

　　本书的主要内容包括 4 个部分：通用微波干燥技术及设备；真空微波干燥技术与应用；微波冷冻干燥技术与应用；新型微波干燥技术。特别感谢天津科技大学的王瑞芳教授提供微波喷动床干燥设备的研究进展；特别感谢河南科技大学的董铁有教授为本书提供案例和素材。此外，河南科技大学的任广跃教授，硕士生周四晴、段柳柳、廉苗苗、张萌、马立、侯志昀、车馨子等都做了大量工作。在此，对于所有支持和资助出版本书的个人和单位表示衷心的感谢。

　　由于本书介绍的内容成果多属于著者近年来的科研成果，正处于深入发展的阶段，且著者水平有限，因此书中难免存在不足之处，恳请读者和有关同行专家批评指正。

著者

2020 年 2 月

目 录

第1章

概　述

1.1　食品微波干燥技术发展现状

1.1.1　微波干燥技术的原理

微波是指波长范围为 $1\sim1000\text{mm}$、频率范围为 $3.0\times10^2\sim3.0\times10^5\text{MHz}$、具有穿透特性的电磁波，常用的微波频率为 915MHz 和 2450MHz。微波发生器的磁控管接受电源功率而产生微波，通过波导输送到微波加热器中，使需要加热的物料在微波场的作用下被加热。微波加热利用的是介质损耗原理，而且水的损耗因数比干物质大得多，电磁场释放能量中的绝大部分被物料中的水分子吸收。一般情况下，被干燥物料中的水分子由于布朗运动，分子的排列杂乱无章并迅速变化，极性相互抵消，宏观上不呈现极性。而被置于由微波发生器产生的电场中时，微波场以每秒几亿次的高速周期地改变外加电场的方向，使介质的极性水分子迅速摆动，产生显著的热效应，从而使物料内部和表面的温度同时迅速升高。微波加热造就物料体热源的存在，改变了常规加热干燥过程中某些迁移势和迁移势梯度方向，形成了微波干燥的独特机理。由于物料中的水分介质损耗较大，能大量吸收微波能并转化为热能，因此物料的升温和蒸发是在整个物体中同时进行的。在物料表面由于蒸发冷却的缘故，使物料表面温度略低于里层温度；同时由于物料内部产生热量，以致内部蒸汽迅速产生，形成压力梯度。如果物料的初始含水率很高，物料内部的压力非常快地升高，则水分可能在压力梯度的作用下从物料中排出。初始含水率越高，压力梯度对水分排出的影响越大，即有一种"泵"效应，驱使水分流向表面，加快干燥速度。由此可见，在微波干燥过程中，温度梯度、传热和蒸气压迁移方向均一致，从而大大改善了干燥过程中的水分迁移条件，当然要优于常规干燥。同时由于压力迁移动力的存在，使微波干燥具有由内向外的干燥特点，即对物料整体而言，将是物料内层首先干燥，这就克服了在常规干燥中因物料外层首先干燥而形成硬壳板结阻碍内部水分继续外移的缺点。

1.1.2　微波干燥技术的特点

（1）干燥速度快、干燥时间短

由于微波能够深入到物料内部而不是靠物体本身的热传导进行加热，因此加热时间非常短，干燥时间可缩短50％或更多。

（2）产品质量高

微波加热温度均匀、表里一致，干燥产品可以做到水分分布均匀。由于微波对水有选择加热的特点，因此可以在较低温度下进行干燥，而不致使产品中的干物质过热而损坏。微波加热还可以产生一些有利的物理或化学作用。

（3）反应灵敏、易控制

通过调整微波输出功率，物料的加热情况可以瞬间改变，便于连续生产和实现自动化控制，提高劳动生产率，改善劳动条件。

（4）热能利用率高，节省能源、环保、设备占地少

微波加热设备本身不耗热，热能绝大部分（＞80％）都作用在物料上，热效率高，所以节约能源，一般可节电30％～50％；对环境温度几乎没有影响，微波干燥设备可以做得较小。

（5）杀菌，保持食品营养和风味

微波加热具有热效应和生物效应，因此能在较低的温度下杀灭霉菌和细菌，最大限度地保持物料的活性和食品中的维生素、色泽与营养成分。微波干燥经常与热风干燥相联合，可以提高干燥过程的效率和经济性。这是因为热空气可以有效地排除物料表面的自由水分，而微波干燥提供了排除内部水分的有效方法，两者结合就可以发挥各自的优点使干燥成本下降。微波干燥

与普通方法联合一般有 3 种方式：①预热。首先用微波能对物料进行预热，然后用普通干燥器进行干燥。②增速干燥。当干燥速度进入降速阶段时，将微波能加入普通干燥器，此时物料表面是干的，水分都在内部；加入的微波能使物体内部产生热量和蒸气压，把水分驱至表面并迅速被排除。③终端干燥。普通干燥器在接近干燥终了时效率最低，也许有 2/3 的干燥时间花费在排除最后的 1/3 水分上；在普通干燥器的出口处加一个微波干燥器，可提高普通干燥器的处理量。

1.1.3 微波干燥技术发展现状

微波干燥起源于 20 世纪 40 年代，到 60 年代国外才大量应用。由于微波干燥的独特优点，使得其发展很快，国外已在轻工业、食品工业、化学工业、农业和农产品加工等方面得到应用。由于微波对水有选择加热的特点，因此使得粮食、油料作物、茶叶、蚕茧、木材、纸张、烟草等含水物质均可用微波进行干燥。20 世纪 70 年代以来，国外微波干燥的应用还在继续扩大，特别是在食品干燥方面。我国微波干燥技术的应用始于 20 世纪 70 年代初期，到目前已应用于轻工、化工及农产品食品加工等方面。尽管我国在微波干燥方面已经有一些成功的范例，但从整个食品行业来看，装机功率仍然非常低，与发达国家相比仍有很大的差距。目前，成功应用微波干燥的食品种类很多，大致可以分为：

果蔬类——土豆（片）、菠菜、白菜、西红柿、胡萝卜、竹笋、蒜、苹果（脯）、葡萄、香蕉、黄桃、山楂、南瓜、葱、紫菜、洋葱等；

肉制品——鸡肉、鱼片、对虾、香肠、牛肉干、猪肉等；

米面类——玉米片、通心面、糕点、面包、方便面、肉馅饼、方便米粉、大米等；

药材类——人参、鹿茸、蛇、枸杞、花粉、蜂王浆等；

饮料类——咖啡、橘粉、果汁冲剂、奶粉等；

农副土特产品——茶叶、大豆、花生、山野菜、瓜子、木耳、烟叶、油菜籽、香菇、海带等；

其他——蛋黄粉、魔芋粉、豆腐皮等。

微波干燥食品的种类还有待于进一步地开发研究，目前不少研究人员仍在进行这方面的工作。

1.2 新型食品微波干燥技术与应用

1.2.1 微波冷冻干燥技术

微波冷冻干燥有两种形式：分段式冻干-微波联合干燥技术以及同步式微波辅助冻干的联合干燥技术。

1.2.1.1 分段式冻干-微波联合干燥技术

分段式冻干-微波联合干燥（FD-MD）是指将冻干操作和微波干燥操作分开进行，当物料在一种干燥方式下脱水到一定程度后，利用另外一种干燥方式继续进行脱水至最终含水率。这是利用干燥过程分为不同的干燥段（恒速段、降速段）进行操作的，FD 的降速段很长，耗时也很长，但实际上降速段只是除去极少部分的水分；这部分水分大都是结合水，因而相对游离水难以去除。微波加热效率高，其体积加热的特点使水分扩散方向和物料温度梯度方向相同，因而干燥速率极快，大量试验已证实微波干燥很适合降速干燥段的脱水处理。这样将 FD 和 MD 结合起来，就可以把 FD 过程耗时最长的降速段用微波干燥代替，必然会节约大量的干燥时间。在品质方面，由于大部分水分是在 FD 过程去除的，产品的微孔结构在进入 MD 阶段之前已经形成，因此在 MD 阶段的变形则会大为降低。同时，MD 干燥过程在去除一小部分水分的前提下耗时极短，故对整个产品的质量影响不会太大。另外，如果需要在更低的温度下干燥，则可用真空微波干燥（VMD）来代替 MD 干燥。这种联合干燥方法的特点是设备投入小，现有的冻干设备依然可以使用，只需增加成本较低的 MD 或 VMD 设备。另外，产品的整个干燥时间会大幅度缩短，从而节约冻干操作的大量能耗，而且产品的品质接近于完全的 FD 产品。

在此方面的研究也有相关报道，如何学连[1] 利用 FD-VMD 联合干燥方式加工白对虾，获得了较好的质量；邹兴华等[2] 利用 FD-VMD 联合干燥方式干燥太湖银鱼，大大缩短了干燥时间，并进行了详细的经济性测算，证明联合干燥太湖银鱼比单独 FD 银鱼成本大大降低，而质量下降不大；Xu 和 Zhang[3] 采用微波-冷冻干燥来提高毛竹笋的干燥效率；Hu 和 Zhang 等[4] 采用冻干-真空微波来改善毛豆的干燥速度，并保持了较好的干燥品质，发现分段干燥的水分转换点是影响产品品质的重要因素；Litvin 等[5] 联合使用 FD-MD-AD 干燥胡萝卜片，先 FD 干燥至 40%，接着微波干燥 50s，最后热风干燥至最终含水率 5%，终期为热风干燥时，复水比接近 FD 产品，但颜色变化较大，终期为真空微波时，色泽也得到了提高。目前，关于分段式的联合干燥研究报道很多，但基于 FD 和微波联合干燥方面的报道并不多，且大多是用于果蔬的干燥；不过从已有研究结果来看，这种联合干燥的方式较为简单易行，适合工艺改进的要求，也能大幅度节约能耗。

但是这种干燥方式还存在一些问题。首先，各种分段式联合干燥方式针对的物料不同，工艺要求也不同。对于海参来说，如何寻找较为合理的干燥顺序、干燥组合形式，由于没有相关文献的参考，故需要详细的实验研究来确定如何将不同的干燥方式，如 FD、AD、MD，以及 VMD 等联合起来，从而获得较好的产品品质和较低的能耗。另外，海参联合干燥过程中的水分转换点需要进行大量试验进行优化，从而使干燥时间和产品品质能兼顾。再次，由于海参在干燥中易发生硬化，因此在 FD 操作结束后如何控制其后续干燥温度，也是一个需要解决的问题。最后，联合干燥在实际操作时是否方便也是影响其推广的一个问题，因为物料需要在不同操作单元间转移，这需要相关的设备研究[6]。

1.2.1.2　同步式微波辅助冻干的联合干燥技术

真空冷冻干燥（FD）使食品在低压、低温下进行水分蒸发，这是利用冰的升华原理，在高真空的环境条件下，将冻结食品中的水分不经过冰的融化直接从固态冰升华为水蒸气而使物料干燥。由于在真空环境中没有对流，故传热传质极其缓慢，导致在实际应用当中最突出的问题就是能耗大、生产周期长、成本高。为了缩短干燥时间，提高冻干过程的加热效率，可将微波作为冷冻干燥系统的热源。由于微波加热不需加热介质，便于控制，热效率高，被称为第四代干燥技术，因此在真空状态下依然可快速对物料进行加热，能大大提高冻干速率。同时，利用微波加热升温快并具有非热效应的特点，可在冻干过程中对物料进行杀菌处理，而且对产品品质影响较小。这样，利用微波作为冷冻干燥热源的联合干燥方法可称为同步式微波辅助冻干联合干燥。

1.2.2 微波真空干燥技术

微波真空干燥技术是将微波技术与真空技术相结合的一种新型微波低温干燥技术，它兼备了微波加热及真空干燥的一系列优点，克服了常规真空干燥周期长、效率低的缺点，在一般物料干燥过程中，可比常规方法提高工效 4～10 倍；具有干燥产量高、质量好，加工成本低等优点。由于真空条件下空气对流传热难以进行，因此只有依靠热传导的方式给物料提供热能。常规真空干燥方法传热速度慢、效率低，并且温度控制难度大；微波加热是一种辐射加热，是微波与物料直接发生作用，使其里外同时被加热，无须通过对流或传导来传递热量，所以加热速度快、干燥效率高、温度控制容易。

吴涛等[7] 对黑莓进行微波真空干燥，研究不同微波功率和真空度对黑莓干燥过程中温度的影响，观察样品整个温度场的分布规律，结果表明：黑莓在微波功率为 400W、真空度为 20kPa 的条件下加热 2min 后，热点的温度维持在 60℃左右，温度差异性为 0.27，在样品热点区域加热温度高度一致性的前提下，保证了合适的加热温度，满足黑莓的干燥要求。丁睿[8] 以马铃薯为原料，通过改变微波功率、装载量、切片厚度三个因数，测得不同条件下马铃薯微波真空干燥的干燥曲线及干燥速率曲线；分析不同因素对干燥时间及干燥速率的影响；对马铃薯微波真空干燥的动力学模型进行了研究。通过对多个薄层物料干燥动力学模型进行比较分析，并运用数据分析软件对实验结果进行拟合，得出了马铃薯微波真空干燥最适合的干燥动力学模型，该模型可较准确描述水分比随干燥时间的变化规律。

杨晓童等[9] 设计了一种集微波干燥与真空干燥于一体的新型装置，将波导和波源冷却装置融为一体，有效地解决了微波分布不均和微波源受热易损坏两大难题。物料室是微波室和真空室的交集，可以使物料既能受到微波辐射，又能处于真空环境中；分层设计的物料盘一方面可以方便拆卸，另一方面可以充分地利用物料室的空间；模块化的冷阱设计使冷阱可以根据干燥的需求自由地装卸，可以有效地提高冷阱的利用效率。该微波真空干燥设备设计巧妙、安全可靠，可以满足高品质物料的干燥加工。

1.2.3　固态功放微波技术

1.2.3.1　固态功放微波技术原理

固态功放微波技术（即半导体微波技术）的发展，使微波技术从传统用磁控管直接产生所需的频率和功率微波的模拟电路微波技术（图 1.1），蜕变到将数字脉冲信号源与半导体固态功率放大数字电路相结合的数字微波电路技术（图 1.2）；并且从理论上将可以很方便地实现任意频率的微波生成，亦即通过数字半导体技术突破模拟半导体技术对频率的限制。

在此微波系统中，磁控管的谐振腔直接产生所需频率和功率的微波，即到从信号到放大两部分功能合二为一，一步完成后由天线将微波能耦合传输到波导中。

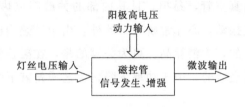

图 1.1　磁控管工作原理

目前，半导体微波技术多采用微波源发生器发出小信号微波，再对小信号微波进行放大的原理。其中放大部分多采用两级放大，即初次将小信号放大后进行二次放大（图 1.2）。

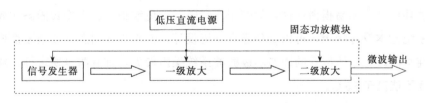

图 1.2　固态功放二级放大模式工作原理

随着我国微电子技术的发展，固态功放的核心芯片技术已大幅度提高，已经由一次放大（图 1.3）替代了二次放大技术；简化了电路，也大大提高了可靠性和运行效率。

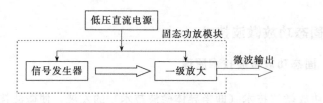

图 1.3　固态功放一级放大模式工作原理

1.2.3.2　固态功放微波技术的优势

（1）磁控管微波系统的优势及缺点

磁控管模拟信号微波系统的优点是成本低，电热转换效率较高，维护技术要求不高。但系统的工作性能与其元器件本身的质量和性能参数关系极大，易出现老化、受潮、受腐蚀等危害，可靠性不易保证。特别是作为主要部件的磁控管为高真空管，易损，且其内部的关键部位热阴极干燥温度高，在工作状态不能受振动，亦非常娇贵。此外，由于其热阴极有寿命，所以磁控管是有使用寿命的，为消耗品。更为关键的是，在磁控管的工作寿命期间其输出功率是逐渐衰减的，由于功率下降，工艺质量就下降，易造成产品质量不稳定。

（2）固态功放微波技术系统的优势及缺点

固态功放微波系统的主要特点是：①工作电压为直流 27V，无高电压，安全，因而无特殊绝缘要求。②常温、常压，耐久性好，使用长久，原则上是常温工作，无明火点，无需冷却降温；有防火要求的地方亦可使用，特别是对水冷式固态功放微波系统可以进行密封封装保护，还可以广泛应用于化工行业的腐蚀环境。③无易损消耗件，无使用寿命限制，免维护。④水冷式固态功放微波系统基本没有噪声，可以实现静音环境设计。⑤水冷式固态功放微波系统需要纯水冷却。⑥风冷式的固态功放微波系统噪声较大，且有防尘要求等，环境温度不能高于 35℃。

亦即固态功放微波系统的主要优势在于使用寿命长、无衰减、免维护、可自动调节驻波。此外对于精度要求高的设备，固态源频率准确，且精确可控。

固态功放微波系统的主要缺点是成本高，现阶段微波转换效率（即由电能转换成微波热能的电热转换效率）较低。但还存在很大的技术提升空间，特别是 433MHz 系统的效率目前已达到 70% 的高水平。

◆ **参考文献** ◆

［1］　何学连. 白对虾干燥工艺的研究 ［D］. 无锡：江南大学，2008.

［2］　邹兴华，过世东，银红娟，等. 银鱼冷冻干燥的工艺 ［J］. 食品与生物技术学报，2005（05）：92-96.

［3］　Xu Y Y, Zhang M. A two-stage convective air and vacuum freeze-drying technique for bamboo shoots ［J］. International Journal of Food Science & Technology, 2005, 40 (6)：589-595.

［4］　Hu Q G, Zhang M, Mujumdar A S, et al. Performance Evaluation of Vacuum Microwave Drying of Edamame in Deep-Bed Drying ［J］. Drying Technology, 2007, 25 (4)：731-736.

［5］　Litvin S, Mannheim C H, Miltz J. Dehydration of carrots by a combination of freeze drying, microwave heating and air or vacuum drying ［J］. Journal of Food Engineering, 2010, 36 (1)：103-111.

［6］　潘永康，王喜忠. 现代干燥技术 ［M］. 2 版. 北京：化学工业出版社，2007.

［7］　吴涛，宋春芳，孟丽媛，等. 黑莓微波真空干燥传热特性 ［J］. 食品与机械，2017（4）：3-4.

［8］　丁睿. 马铃薯微波真空干燥动力学及设备能耗的实验研究 ［D］. 哈尔滨：哈尔滨商业大学，2017.

［9］　杨晓童，段续，任广跃. 新型微波真空干燥机设计 ［J］. 食品与机械，2017，1：2-3.

第 2 章
通用微波干燥技术及设备

2.1　微波加热基本原理

微波干燥技术是随着无线电工程技术的发展而出现的。进入 20 世纪前叶以后，科学家们开始使用无线电频率电磁波（理论上，其频率范围为 $1 \times 10^4 \sim 3 \times 10^{12}$ Hz）进行金属处理，以及加热干燥食品、木材、纸、纺织品等工业生产，从而产生了一种非常规的干燥技术——介电干燥技术，即在高频率的电磁场作用下，物料吸收电磁能量，在内部转化为热用于蒸发湿分（主要是指水分）[1]。而普通干燥方法（对流、传导、红外辐射）蒸发水分所需的热量则是通过物料的外表面向内部传递的。特别需要指出的是，二战中微波技术在军事雷达装置中的应用，为微波加热干燥技术的发展和应用创造了条件。1945 年，美国雷声公司（Raytheon）的工作人员在进行雷达试验时，偶然发现衣袋中的糖果因泄漏的微波作用而发热软化，进而通过一系列的试验研究，申请了世界上第一个微波加热专利，由此揭开了将微波技术用于加热/干燥的序幕。一般地，用于加热和干燥的无线电频率分为两个范围，即 $1 \sim 100$MHz 高频（radio frequency，RF）和 300MHz $\sim$ 300GHz 微波（microwave，MW）。在这里，实际上将理论意义上的"高频"（high frequency，HF；$3 \sim 30$MHz，也称之为"短波"，即 short wave，SW）和"甚高频"（very high frequency，VHF；亦称之为"超短波"，$30 \sim 300$MHz）统称为高频（RF），将"特高频"（ultra high frequency，UHF，$300 \sim 3000$MHz）、"超高频"（super high frequency，SHF，$3 \sim 30$GHz）和"极高频"（extremely high frequency，

EHF，30～300GHz）统称为微波（MW）。按照国际电信联盟（International Telecommunication Union，ITU）的规定，允许工业、科学和医学使用的主要频率（industrial，scientific and medical frequency，ISM 频率）见表 2.1。实际上，介电加热干燥所使用的频率主要是 13.56MHz、27.12MHz、40.68MHz、915MHz（欧洲为 896MHz）及 2450MHz。

表 2.1　ISM 主要频率

频率/MHz	频率范围/MHz	频率/MHz	频率范围/MHz
6.78	6.765～6.795	2450	2400～2500
13.56	13.553～13.567	5800	5725～5875
27.12	26.957～27.283	24125	24000～24250
40.68	40.66～40.70	61250	61000～61500
433.92	433.05～434.79	122500	122000～123000
915.00	902～928	245000	244000～246000

2.1.1　微波加热干燥的基本原理

任何物体，只要其温度高于绝对零度，就会发射电磁波，人类便生活在这些电磁波中。根据电磁波的波长（或频率），将电磁波分为 γ 射线、X 射线（伦琴射线）、紫外线、可见光、红外线（近红外与远红外）、中波与短波、微波等。

众所周知，电磁波由电场强度［E］和磁场强度［H］两个矢量叠加而成，它们相互垂直，并且与电磁波的传播方向垂直。在相同的介质中，电磁波与光的传播速度是相同的。光在真空中的传播速度为 c，但是在其他介质中的传播速度 V_p 则小于 c，用公式可以表示为

$$V_p = c / \sqrt{\varepsilon_r'}\qquad(2\text{-}1)$$

式中，V_p 为光在介质中的传播速度，m/s；c 为光在真空中的传播速度，m/s，$c = 3 \times 10^8$ m/s；ε_r' 为介质（材料）的相对介电常数。

需要指出的是，电磁波在某种介质中传播的速度 V_p 是恒定值，而波长是随着频率的变化而发生变化的。公式(2-2)给出了波长 λ 和频率 f 之间的关系。

$$f = V_p / \lambda \tag{2-2}$$

2.1.2 微波加热机制

微波是一种能量形式（而不是热量），但在介质中可以转化为热量。其能量转化的机理有许多种，如离子传导、偶极子转动、界面极化、磁滞、压电、电致伸缩、核磁共振、铁磁共振等，其中离子传导及偶极子转动是介质加热的主要原因。

（1）离子传导

带电荷的粒子（如氯化钠水溶液中含有 Na^+、Cl^-、H^+、OH^- 四种离子）在外电场的作用下会被加速，并沿着与它们极性相反的方向运动，即定向漂移，在宏观上表现为传导电流。这些离子在运动的过程中将与其周围的其他粒子发生碰撞，同时将动能传给这些被碰撞的粒子，使其热运动加剧。如果物料处于高频交变电场中，则物料中的粒子就会发生反复的变向运动，致使碰撞加剧，产生耗散热（亦称之为焦耳热），亦即发生能量转化。在这种方式的作用下，单位体积所产生的功率（即单位时间内单位体积中产生的热量）为

$$P_v = \sigma |E|^2 \tag{2-3}$$

式中，P_v 为单位体积产生的功率，W/m^3；E 为电场强度矢量，V/m；σ 为电导率，S/m。

（2）偶极子转动（取向极化）

将电介质分为两类，无极分子电介质和有极分子电介质。前者在无外电场时，分子的正负电荷中心重合；而后者在无外电场时，分子的正负电荷中心不重合，但由于内部分子无规则的热运动，在宏观上该类电介质仍呈中性。

在外电场的作用下，由于无极分子组成的电介质中的分子的正负电荷发生相对位移，形成沿着外电场作用方向取向的偶极子，因此在电介质的表面上将出现正负相反的束缚电荷，在宏观上称该现象为电介质的极化，这种极化称为位移极化。而极性分子在外电场的作用下，每个分子均受到力矩的作用，使偶极子转动并取向外电场的方向，称这种极化形式为转向极化。随着外电场场强的增大，偶极子的排列愈趋于整齐。在宏观上，电介质表面出现

的束缚电荷愈多，则说明极化的程度愈高。有极分子的极化过程如图 2.1
所示。

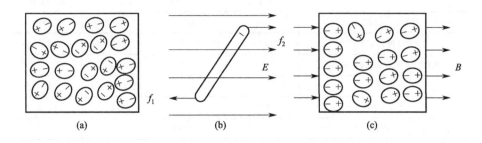

图 2.1 有极分子极化过程示意图

如果把电介质置于交变的外电场中，则含有有极分子或无极分子的电介质
都被反复极化，偶极子随着电场的变化在不断地发生"取向"（从随机排列趋
向电场方向的排列）和"弛豫"（电场为零时，偶极子又回复至近乎随机的取
向排列）排列。这样，由于分子受到干扰和阻碍，产生"摩擦效应"，结果一
部分能量转化为分子热运动的动能，即以热的形式表现出来，从而使物料的温
度升高。即电场能转化为势能，而后转化为热能。

由于偶极子转动而产生的（热）功率为

$$P_v = 2\pi f \varepsilon_0 \varepsilon_r'' |E|^2 \tag{2-4}$$

式中，ε_0 为真空中的介电常数，$\varepsilon_0 = 8.85 \times 10^{-13} \text{F/m}$；$\varepsilon_r''$ 为相对损耗因
子，$\varepsilon_r'' = \varepsilon''/\varepsilon_0$，$\varepsilon''$ 为损耗因子，F/m。

水是典型的极性分子，湿物料因为含有水分而成为半导体，对于此类物
料，除取向极化外，还发生离子传导（一般地，水中溶解有盐类物质）。在微
波频率范围，偶极子转动占主要地位；在高频范围，离子传导则占主导地位。
因此，单位体积内产生的热量为

$$Q_v = 2\pi f \varepsilon_0 \varepsilon_{eff}'' |E|^2 \tag{2-5}$$

式中，ε_{eff}'' 为有效损耗因子，$\varepsilon_{eff}'' = \varepsilon_r'' + \sigma/(\omega\varepsilon_0)$。$\sigma$ 和 ε_r'' 均是温度的函数，
温度提高，电导率 σ 的值也随之增大，但 ε_r'' 的值随之减小；ω 为圆频率，
$\omega = 2\pi f$。表 2.2 列出了一些物料的 ε_r' 和 ε_r'' 值。

13

表 2.2　一些物料的介电参数

物料	介电常数 ε'_r		损耗因子 ε''_r	
	10MHz	300MHz	10MHz	300MHz
冰(纯,−12℃)	3.7	3.2	0.07	0.003
水(纯,5℃)		80.2		22.1
水(含有 0.1mol 的 NaCl)	80.0	75.5	100.00	18.00
牛排	50	40	1300	12
(牛羊)板油	4.5	2.5	4.2	0.18
马铃薯		4.5(2450MHz)		0.9
豌豆		2.5(2450MHz)		0.5
蔬菜		13.0(2450MHz)		6.5
小麦粉(湿含量8%)	2.6(4MHz)			0.078
熔凝石英	3.78	3.78	0.004	0.0002
硼硅酸玻璃	4.84	4.82	0.015	0.026
大理石(干)	9.0	9.0	0.33	0.22
红定石云母	5.4	5.4	0.0016	0.0016
干砂	2.55	2.55	0.04	0.016
黄蜡	2.45	2.39	0.020	0.018
电缆油	2.2	2.2	0.009	0.004
粗石蜡	2.25	2.25	0.00045	0.00045
纸(湿含量为 10%)	3.5		0.4	0.4
醋酸纤维			0.07	0.09
蜜胺甲醛	5.5	4.2	0.23	0.22
酚甲醛	4.3	3.7	0.18	0.15
聚酰胺(尼龙66)	3.2	3.0	0.09	0.04
聚酯	4.0	4.0	0.04	0.04
聚乙烯	2.25	2.25	0.0004	0.001
聚甲基丙烯酸甲酯	2.7	2.6	0.027	0.015
聚苯乙烯	2.35	2.55	0.0005	0.0005
聚四氟乙烯	2.1	2.1	0.0003	0.0003
聚氯乙烯(纯)	2.9	2.0	0.03	0.02
聚氯乙烯(含 40% 的塑化剂)	3.7	2.9	0.04	0.1
桦木(电场与纹理垂直)	2.6	2.1	0.1	0.07
红木	2.1	1.9	0.07	0.05

（3）物料的介电特性

电磁波在传播过程中，若遇到介质，会发生反射、吸收和穿透现象。根据物料与电磁场之间的相互关系，可分为四大类。

① 导体　该种物料（如金属）反射电磁波，可用于贮存或引导电磁波，即导体可以作为干燥室和波导的材料。

② 绝缘体　几乎不反射也不吸收电磁波，电磁波可以穿透绝缘体。因此，这些材料（如陶瓷、玻璃等）可用作电磁场中被加热物料的支撑装置，如传送带、托盘等。它们也称作无损耗介电体。

③ 介电体　它们的特性介于导体和绝缘体之间，其中的绝大部分材料可称作有损耗介电体。它们不同程度地吸收电磁波能量，并将之转化为热量，如水、食品、木材等。

④ 铁磁体　如铁淦氧磁体，它们也吸收、反射和穿透电磁波，同电磁波的磁场分量发生作用，产生热量。它们常用作保护或扼流装置材料，用以防止电磁波能量的泄漏。

从式（2-5）可知，物料吸收电磁波能量并产生热量的能力与物料的介电特性有关。介电参数的复数表达形式为

$$\varepsilon^* = \varepsilon' - j\varepsilon'' \tag{2-6}$$

式中，ε^* 为复介电参数，或称为复电容率，F/m；ε' 为介电常数，对应于物料的电容，表示从电磁场中贮存电能的能力（或在物料中建立电场的能力），该部分能量是可逆的；ε'' 为损耗因子，对应于物料的电阻，表示从电磁场中耗散的电能，该部分能量是不可逆的。$j = \sqrt{-1}$ 说明复介电参数（电容率）的实部（ε'）与虚部（ε''）的相位差为 90°，它们的比值称作损耗角正切值，即

$$\tan\delta = \varepsilon'' / \varepsilon' \tag{2-7}$$

式中，δ 为损耗角。

介电常数和损耗因子是影响介电加热干燥的重要因素，它们受物料自身的特性和电磁场状态的影响。

① 湿含量的影响　由于水具有很高的相对介电常数（室温时约为 78），因此物料中含有的大量自由水分对物料的介电参数影响较大。一般地，介电常数和介电损耗因子的值随湿含量的增大而增大，但在湿含量为 20%～30%（有时甚至高于这个范围）时，介电损耗因子随湿含量的增加开始变得平缓。混合

物的介电常数介于其组分的介电常数之间。其他物质（如乙醇、一些有机溶剂）也呈现较强的介电特性，适合于介电加热干燥。干燥是为了移去水或其他溶剂，所以我们关心的是在这些湿分被移去的过程中介电参数的变化。在许多情况下，物料在低湿含量时，可以透过电磁波，从而抑制了对物料的升温作用。

介电参数随湿含量的变化特性与所使用的高频、微波的频率有关。在高频范围内，多数情况下，物料中的水分为带电荷的粒子提供了移动的通道；在微波范围，水自身是主要的能量吸收者。对自由水分，在 0.5～3GHz 范围内，损耗因子随频率几乎成比例增大，大约在 1.8GHz 时达到最大值。结合水分子的转动受到限制，只能从电磁场中吸收很少的能量，因而其损耗因子的值较小。在低湿含量时，大部分水分为结合水分，从而损耗因子变化很小。

② 温度的影响　温度对介电参数的影响比较复杂，而且与物料的种类有关。一般情况下，在低于冷冻温度时，介电常数和介电损耗因子低，而高于冷冻温度时情况有所不同。一般情况下，绝干物料的损耗因子受温度的影响很小，但对某些物料（如木材、尼龙及其衍生物、许多陶瓷材料），在温度提高时，损耗因子也提高。所以，在湿含量较低的情况下，对于这些物料的干燥也应特别注意。

③ 频率的影响　实际上，工业上所使用的频率因受 ISM 频率的限制，只能使用有限的几个频率，所以除了用于测定湿含量之外，没有必要研究频率对介电参数的影响。

④ 密度的影响　空气的相对介电常数为1，可以透过工业上使用的所有频率的电磁波，因此物料中含有空气将影响介电参数值，即密度降低，介电参数的值也随之减小。

此外，物料的结构也有重要的作用。对纤维性物料（如纸、木材等），通常其纤维方向顺着高频率电场方向时，损耗因子较大。

此外，电磁波辐射传送的能量是由物料的介电参数和热物理参数（热导率、密度、比容）决定的。物料的传播常数为

$$\gamma = \alpha + j\beta \tag{2-8}$$

式中，α 为电磁波衰减常数，m^{-1}；β 为相位常数，m^{-1}。

式(2-8)表明电磁波在介电质中传播时，平面行波将发生衰减和相位偏移。实部为衰减常数，表征物料从电磁波中衰减（或吸收）电磁波能量的能

力；对均匀的介电质，它是能量分布的决定因素。衰减常数决定电磁场电场分量穿透介电质的能力，其数值是电磁波穿透介电质浓度 D 的倒数，即电场强度在介电质中减少至真空状态下的 37％（1/e）时距离辐射表面的长度。

$$D=\frac{1}{\alpha}=\frac{\lambda_0}{2\pi}\sqrt{\frac{2}{\varepsilon_r'\left[(1+\tan^2\delta)^{\frac{1}{2}}-1\right]}} \tag{2-9}$$

若 ε_r'' 很小，则 $\tan\delta=\dfrac{\varepsilon_r''}{\varepsilon_r'}\leqslant 1$，上式可简化为

$$D=\frac{\lambda_0}{\pi\sqrt{\varepsilon_r'}\tan\delta} \tag{2-10}$$

使用该式所计算得出的大多数食品的穿透深度的值均具有较高的精确度。

从以上这些公式可以看出：物料的介电常数和损耗因子的值愈大，穿透深度愈小；电磁波的波长（或频率）对穿透深度也有很大的影响。

2.2　微波干燥系统

微波干燥系统主要由微波发生器（包括直流电源、微波管等）、导波装置、微波应用装置（或加热器）及冷却系统、传动系统、控制系统以及安全保护系统等部分组成，如图 2.2 所示。微波管由直流电源提供高压并转化为微波能；也可以采用工业交流电源（50Hz、380V）经三相全波桥式整流电路，由多抽头的高压变压器和整流硅堆产生平直的高压直流电。目前，用于加热干燥的微波管主要是磁控管和速调管。

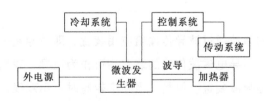

图 2.2　微波干燥系统示意图

2.2.1　电源

电源的主要任务是提供微波管工作所需要的直流高压电源；对非包装式微

波管，还需提供直流磁场电源。采用的直流电源都是常用的整流电源形式，但对各种不同型号的微波管，根据它们的特性、使用条件和功率大小的不同，对电源的要求也不同；小功率的微波加热器，常采用单相全波整流或单相半波倍压整流电源。单相半波倍压整流电路中变压器选用漏磁变压器，其特点是当电源电压升高、负载电源电流增大时，由于漏磁的作用可自动保持负载电流不变，这就使磁控管工作稳定。这种电路体积小、经济、稳定、安全可靠。

用于大功率微波干燥器的电源，都采用三相全波桥式整流电路。由于它产生的电压接近于平直的直流电压，因此要求电源的内阻越小越好。这样，磁控管正常工作前后，即电源空载和有载情况下，直流高压变化不大，使磁控管工作稳定。如果电路内阻过大，则会导致电源电压过大，特别是在空载状态下有可能导致磁控管起振时产生非 π 模式振荡。

2.2.2　微波管

磁控管由铜制成的空芯阳极（具有谐振腔结构）和位于其中心的发射电子的阴极组成，实质上是一个置于恒定磁场的二极管。当阴极与阳极之间存在有一定的直流电场时，从阴极发射的电子受阳极正电位作用而向阳极加速运动，在相互垂直的电场、磁场的作用下，电子从电场中获得能量并作圆周运动，在阳极谐振腔的作用下产生所需的微波能。若使用的频率更高或在大功率的场合下，则常采用速调管；速调管由电子枪（包括阴极、热子、聚速电极），谐振腔及输入、输出接头和收集极组成，如图 2.3 所示。

2.2.3　波导

微波管产生的微波通过波导传输给应用装置，即波导是一种导波装置。广义上讲，凡是能够引导电磁波传输的装置均可作为波导。我们熟悉的双线传输线和同轴电缆都是导波装置。但是，当频率较高时，用双线传输线作为导波装置的损耗将急剧增大，同时电磁波向外辐射的现象也将逐渐明显。如果改用同轴电缆作为导波装置，电磁波向外辐射的可能性虽然被减少，但当频率继续提高时，能量损耗将愈来愈大，以至无法正常工作。因此，为了减少传输损耗，并防止电磁波向外辐射，采用空心的导电金属装置作为传输电磁能量的导波装置。最常用的矩形波导又分为直管波导、波导分支（或 T 形接头）、弯波导和

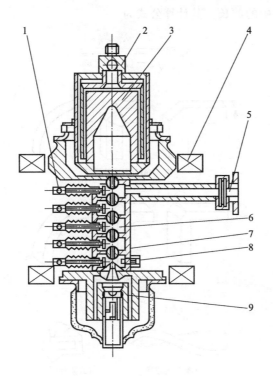

图 2.3　速调管结构示意图

1—调频机构；2—冷却水套；3—收集极；4—电磁铁线包；5—输出波导；

6—谐振腔；7—漂移管；8—同轴输入；9—电子枪

扭波导等，如图 2.4 所示。

波导是一种高通滤波器，只有当工作频率高于波导的截止频率（或临界频率）时，或波导的截止波长大于工作波长 λ_0 时，波的传播才有可能。TE_{mn}、TM_{mn} 波型（亦称之为 TE_{mn}、TM_{mn} 模）的截止波长 λ_{cmn}（亦可记作 λ_c）为：

$$\lambda_{cmn} = \frac{2}{\sqrt{\left(\dfrac{m}{a}\right)^2 + \left(\dfrac{n}{b}\right)^2}} \tag{2-11}$$

式中，m、n 为波导宽边和窄边上电场强度和磁场强度出现的最大值的个数，m、n=0、1、2、3…；a 和 b 分别为波导宽边和窄边的内壁尺寸，m。

微波在波导中实际传输时，波长将发生增长现象。因此，将波导传输的实

际波长称为波导中的波长，其计算公式为

$$\lambda_g = \frac{\lambda_0}{\sqrt{1-(\lambda_0/\lambda_c)^2}} \tag{2-12}$$

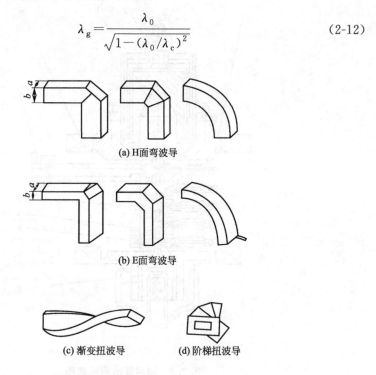

(a) H面弯波导

(b) E面弯波导

(c) 渐变扭波导　　　(d) 阶梯扭波导

图 2.4　常用的几种波导形式

2.2.4　应用装置

微波能产生后，经波导输入应用装置。目前应用装置的主要形式有多模微波炉、单模谐振腔和行波型应用装置 3 种。波导本身也可作为应用装置，这是因为在波导中心的电场强度最大，可以让物料通过该强电场区域而得到有效的加热，如加热丝状物料。根据物料通过应用装置的方式，其又可以分为连续式和间歇式两种。

行波型应用装置使物料（纸、织物）在行进中被加热干燥，尽管会导致左右边缘加热不均匀，但是具有很高的热效率。谐振腔式的重大问题是负载中的微波场不均匀，导致加热不均匀，但可以通过将物料移动或翻转以及多模搅拌的方式加以克服。而单模谐振腔的功率密度相当高，可达 1010W/m^3。

（1）行波型干燥器

行波型干燥器是微波在加热器中以行波的形式传播，即在波导内无反射地从一端向负载馈送，物料在波导中心（场强最大处）穿过，获得高强度的加热。行波加热器基本上有两种形式：一种是电磁波在加热器中直行传播，另一种是曲折传播。加热器取不同形式和不同尺寸的波导，就构成不同形式的加热器。

① 曲折（蛇形）行波干燥器　曲折行波干燥器是将传输线构成一个曲折的通道，如图 2.5 所示。在直波导宽边中间沿物料输送方向开槽缝，因此处场强最大，故被干燥物料从波导槽缝中通过，吸收微波能而被加热干燥。若将弯头紧缩，使两波导管合二为一，就构成了压缩曲折波导结构。为了使物料干燥过程中蒸发出的水蒸气能够排出，可在波导窄边上开纵向小槽或小孔，接排风系统或真空装置。

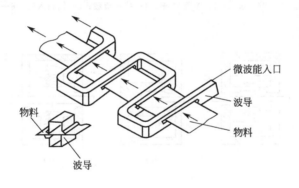

图 2.5　曲折行波干燥器结构示意图

② 平板型微波干燥器　平板型微波干燥器实质上是 TE_{10} 型（亦称之为 TE_{10} 模）波导的 b 边展宽后的直波导干燥器。它由两个阻抗过渡段、两个弯头和一个展宽直波导作为炉体，并在物料进出口均设置漏能抑制装置。

展宽直波导不再是单模波导，它可激励多种波型。另外，由于波导中物料的存在和波导几何尺寸的误差都可能产生波型之间的耦合，激励起其他波型，炉体 b 方向电磁场分布的均匀性将会发生变化，再加上弯头、过渡波导、展宽波导等的制造误差，因此各种波型的一部分在展宽波导中来回反射，驻波分量不可避免地存在，故平板干燥器是行波场和驻波场的混合体。

③ V 形波导干燥器　图 2.6 为 V 形波导干燥器结构示意图，其由 V 形波

导、过渡接头、弯波导、抑制器等组成，是矩形波导的变形。V 形波导为加热区，其截面如 $B—B$ 视图所示，由两部分组成，便于清除残留物料。传送带及物料在里面通过，达到均匀干燥；V 形波导与矩形波导之间设有过渡接头；抑制器的作用是为了防止微波能量的泄漏。

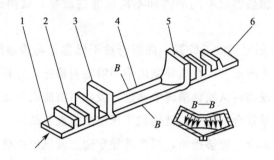

图 2.6　V 形波导干燥器结构示意图

1—抑制器；2—微波输入；3—V 形波导；4—接水负载；5—物料入口；6—物料出口

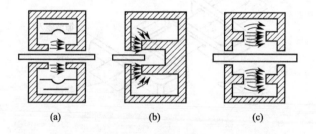

图 2.7　脊弓波导干燥器结构示意图

④ 脊弓波导干燥器　为了提高干燥效率，可以在波导内设一脊形（或称弓形）的凸起，这样电场凸起部分的强度增大，可以达到快速干燥的目的，如图 2.7 所示。有时为了保证物料干燥的均匀，在靠近输入端适当降低场强，这时可采用如图 2.7(c) 所示的结构。

（2）多模矩形腔微波干燥器

多模是指能在传输线中独立存在的电磁场结构，它多为家庭微波炉和工业隧道式微波加热干燥机所采用。微波炉具有门结构，隧道式则具有物料进出通道、能量泄漏的抑制器等物料进出机构和防止微波能量泄漏的机构。

当矩形腔的各尺寸增大后，谐振模式将相当多。若是同时激励起众多模式，则电磁场的能量分布可认为近似均匀分布。腔中仅有一种模式，则腔中不同区域强弱明显不一，从而不利于均匀加热干燥；激励的电磁模式越多，各种模式的分布相互参差，从而补偿的机会就越多，电磁能量的分布越趋于均匀，物料受热也越趋于均匀。

多模矩形腔通常是选取波型的"密度"和"简并"，只有波型高度"密集""简并"，才能有可能激励起更多的波型。同时还要求这些波型和馈能波导呈很强的耦合，如单口耦合、多口耦合、天线阵耦合等，以及加搅拌器（转动时，腔体输入特性改变，引起磁控管频率来回变动，有利于激励更多的波型）。

① 箱式微波干燥器　箱式微波干燥器由矩形谐振腔、输入波导、反射板、搅拌器等组成，如图2.8所示。此种箱式微波干燥器是具有门结构的间歇操作式的驻波场微波干燥器。微波经波导传输至矩形箱体内，其矩形各边尺寸都大于1/2波长，从不同的方向都有波的反射，被干燥物料在腔体内各个方面均可吸收微波能，进而被加热干燥。没有被吸收的微波能穿过物料到达箱壁，又反射或折射到物料上。这样，微波能量被全部用于物料的加热干燥。箱壁通常采用不锈钢或铝板制作。在箱壁上钻有排湿孔，以避免蒸汽在壁上凝结成水而消耗能量。在波导入口处设置反射板和搅拌器。搅拌器叶片用金属板弯成一定的角度，每分钟转动几十至百余转，激励起更多模式，以便使腔体内电磁场分布均匀，达到物料均匀干燥的目的。

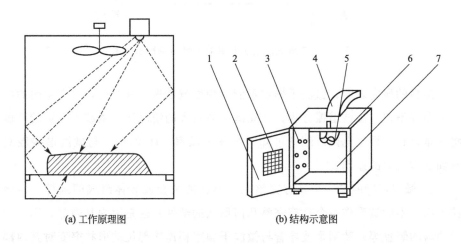

(a) 工作原理图　　　　　　　　(b) 结构示意图

图 2.8　箱式微波干燥器

1—门；2—观察窗；3—排湿孔；4—波导；5—搅拌器；6—反射板；7—腔体

② 隧道式微波干燥器　隧道式微波干燥器是一种具有进出口通道、被干燥物料在腔体连续移动的驻波场微波干燥器。这种干燥器由矩形谐振腔、输入波导、进出口能量泄漏抑制器、物料输送装置等组成。物料连续移动不仅可以实现连续式加热干燥，而且还具有以下作用：一是物料连续通过箱体不同的区域（即场强不同的几个区域）；二是物料移动对腔体的模式产生扰动，造成"简并"的分离和激励更多的模式，使腔体内的电磁场分布更加均匀。显然，物料会得到更加均匀的干燥。

图 2.9 为连续式多谐振腔微波干燥器。这种干燥器具有较大的功率容量，即由多个微波源馈能，多腔串联；在炉体进出口处设置有泄漏抑制器和吸收功率的水负载，以防止微波泄漏。

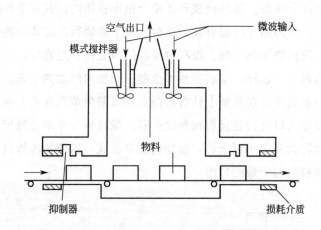

图 2.9　连续式多谐振腔微波干燥器结构示意图

最新的研究表明，微波干燥室不能作为微波谐振腔来对待，干燥室内的能量分布并不遵循微波谐振方程；在充满系数较大的情况下，微波干燥室的谐振将很难存在。根据电磁波理论可知，微波干燥室（图 2.10）与微波谐振腔具有如下本质上的差别。

① 微波谐振腔是一个具有完整几何形状的由金属导体组成的部件。而微波干燥室不能被看作一个具有完整几何形状的部件，这是因为其内部有用于输送物料的装置等。特别是波导管与微波干燥室相连接部位的形状突变对其内部的微波能分布会产生很大的影响。

② 微波谐振腔是一个空的腔体，其内部电磁波的谐振是靠谐振腔壁面的

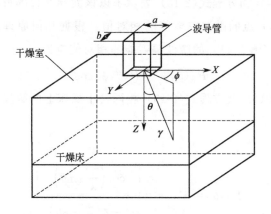

图 2.10　微波干燥室结构示意图

反射实现的。而微波干燥室内装载有被加热干燥的物料，加热干燥的实现是靠被加热干燥的物料吸收微波能来实现的。并且一般的农产品物料具有较大的介电常数，其微波能吸收系数都较大（大于 0.8）。

综上，微波干燥室与微波谐振腔的区别是显而易见的。

根据微波天线理论，当微波干燥室内的载荷为均匀平铺状态时，与干燥室相连接的波导开口具有波导开口天线的辐射特征。根据微波设备的工作频率（2.45GHz）及一般的微波干燥室的几何尺寸（图 2.11），该波导开口的 Poynting 能量方程（即微波辐射瓣形模式）为

$$P(\theta,\phi)=P_{\gamma,\theta}(\theta,\phi)+P_{\gamma,\phi}(\theta,\phi) \tag{2-13}$$

在 XZ 面上（$\phi=0°$，$180°$），$P(\theta,\phi)$ 只包含有 $P_{\gamma,\phi}(\theta,\phi)$ 项，其正规化形式为

$$P_{\gamma,\phi}(\theta)=\pi^4\cos^2\theta\left[\frac{\cos\left(\dfrac{\pi a}{\lambda}\sin\theta\right)}{\pi^2-4\left(\dfrac{\pi a}{\lambda}\sin\theta\right)^2}\right]^2 \tag{2-14}$$

在 YZ 面上（$\phi=90°$，$270°$），$P(\theta,\phi)$ 也只包含有 $P_{\gamma,\theta}(\theta,\phi)$ 项，其正规化形式为

$$P_{\gamma,\theta}(\theta)=\left[\frac{\sin\left(\dfrac{\pi b}{\lambda}\sin\theta\right)}{\dfrac{\pi b}{\lambda}\sin\theta}\right]^2 \tag{2-15}$$

方程式(2-14)和方程式(2-15)表示了以该波导开口的形心为球心的球形表面上 $S(\gamma,\theta,\phi)$ 点的微波辐射能的相对值。根据几何原理，干燥床平面上 $S_b(x,y,z)$ 点（图 2.11）的微波辐射能的相对值应为

$$P_b(\theta,\phi)=P(\theta,\phi)\cos^3\theta \tag{2-16}$$

与方程式(2-14)及方程式(2-15)相同，干燥床上的微波能分布可由下式确定。

在 XZ 面上

$$P_\phi(\theta)=\pi^4\cos^5\theta\left[\frac{\cos\left(\dfrac{\pi a}{\lambda}\sin\theta\right)}{\pi^2-4\left(\dfrac{\pi a}{\lambda}\sin\theta\right)^2}\right]^2 \tag{2-17}$$

在 YZ 面上

$$P_\theta(\theta)=\cos^3\theta\left[\frac{\sin\left(\dfrac{\pi b}{\lambda}\sin\theta\right)}{\dfrac{\pi b}{\lambda}\sin\theta}\right]^2 \tag{2-18}$$

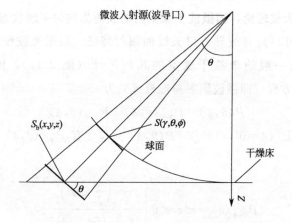

图 2.11　辐射球面与干燥床平面间的几何关系

图 2.12 为根据实验结果绘出的均匀平铺载荷下干燥室内微波能的分布值。方程式(2-17)和方程式(2-18)的理论值与由实验所得的测定值如图 2.13 所示，测定值与理论值基本一致。其中实验测定值与理论值之间的差异主要是由于侧壁面的反射等造成的。

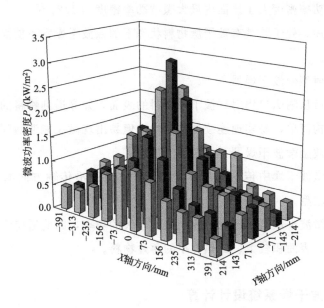

图 2.12　微波干燥室内干燥床上的辐射功率密度分布实验值

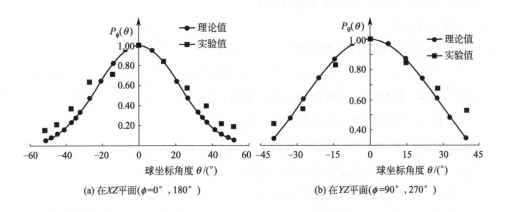

(a) 在 XZ 平面 ($\phi=0°$, $180°$)　　　　　(b) 在 YZ 平面 ($\phi=90°$, $270°$)

图 2.13　微波干燥床上的辐射能相对值

　　因此（在均匀平铺状态载荷下），与干燥室相连接的波导开口可视为波导开口天线。此状态下，干燥室内微波能的分布可根据波导开口的 Poynting 能量方程（即微波辐射瓣形模式）确定。从这些结果也可以看出，随着角 θ 的增大，干燥床上 $S_b(x,y,z)$ 点处分布的微波能越小。理论上，在微波干燥床上 XZ 面内的 $\theta=\pm24°50'50''$ 范围内及 YZ 面内的 $\theta=\pm36°2'40''$ 范围内，任何一点处的微波功率密度大于该面内最大微波功率密度的 1/2。

综上所述，处于装载有被干燥物料状态下的微波干燥室不能简单地以微波谐振腔对待。

（3）辐射型微波干燥器

微波能量从喇叭口辐射到被干燥物料的表面，并穿透到物料的内部。这种干燥器的结构简单，易实现连续加热干燥，但易出现微波能泄漏问题。

（4）慢波型微波干燥器

慢波型微波干燥中传输的是行波场，其电磁波沿传输方向的速度低于光速，故称慢波型。

慢波型微波干燥器在短时间内能施加很大的功率，因此适应于加热介质损耗系数较小、表面积较大、比热容小的薄片物料。

2.2.5　微波干燥系统设计计算

在设计或选用微波干燥器之前，必须根据加工产品的产量求得需要的微波功率。通常有两种方法来求得微波功率。

（1）计算法

根据通常的热量计算公式得

$$Q = MC(T_2 - T_1) = MC\Delta T \tag{2-19}$$

式中　Q——被加热干燥物体所需要的热量，kcal[❶]；

M——被加热干燥物体的质量，kg；

C——被加热干燥物体的比热容，kcal/(kg·℃)；

T_1，T_2——被加热干燥物体的前后温度，℃；

MC——被加热物体的热容量。

知道了被加热物体所需要的热量，就可以根据热功当量来换算所需的功率。

在实际加热干燥中，尚需计及加热效率 η_1 和微波转换效率 η_2。

$$P = 4.186Q/(\eta_1\eta_2) \tag{2-20}$$

当功率的单位取 kW 时，Q 的单位取 kcal/s 或 kcal/min，M 的单位取

---

❶　1cal=4.1858J。

kg/min，C 的单位取 kcal/(kg·℃)，计算式可写为

$$P(\text{kW}) = 4.186Q(\text{kcal/s})/(\eta_1\eta_2) = 0.07Q(\text{kcal/min})/(\eta_1\eta_2) \quad (2\text{-}21)$$
$$= 0.07MC(T_2 - T_1)/(\eta_1\eta_2) = 0.07MC\Delta T/(\eta_1\eta_2)$$

由于加热干燥物料本身含有水分，因此除计及产品本身温升所需的热量外，还要计及水分温升和水分蒸发所需要的热量。在标准大气压力下，水的气化热取 539kcal/kg。因此，产品干燥加热时，所需要的热量（不考虑选择性加热）可由下式得到。

$$Q(\text{kcal/min}) = M[W_1(100-T_1)\times1 + C(1-W_1)(100-T_1) + 539(W_1-W_2)]$$
$$(2\text{-}22)$$

式中　T_1——产品干燥加热前的温度，℃；

　　　C——产品不含水时的比热容，kcal/(kg·℃)；

　　　M——产品率，即每分钟所需处理产品的质量（包含水分在内），kg/min；

W_1，W_2——产品加热前后的含水率，％。

水的比热容取 1kcal/(kg·℃)。

按上式求得的产品加热、干燥所需要的热量 Q，代入式(2-21)，就可以求出干燥产品所需的微波功率。

【计算示例】

设某一产品的含水率为 35％，比热容为 0.25kcal/(kg·℃)，加热干燥前的温度为 20℃，加热效率为 80％，磁控管的效率为 50％，每分钟需要处理的量为 1.5kg，则要求全部烘干需要多少微波功率？

解：已知条件为 $M = 1.5\text{kg/min}$，$C = 0.25\text{kcal/(kg·℃)}$，$T_1 = 20℃$，$T_2 = 100℃$，$W_1 = 35\%$，$W_2 = 0$，$\eta_1 = 80\%$，$\eta_2 = 50\%$。

把有关数据代入式(2-22)，求得所需热量为

$$Q = 1.5[0.35(100-20)\times1 + 0.25(1-0.4)(100-20) + 539(0.35-0)]$$
$$= 343(\text{kcal/min})$$

则所需微波功率为

$$P_1 = 0.07Q/\eta_1 = 0.07\times343\div0.8 = 30(\text{kW})$$

考虑到磁控管效率，则总功率为

$$P = P_1\div\eta_2 = 30\div0.5 = 60(\text{kW})$$

（2）查表法

根据不同含水量和不同温度按公式计算的大量数据，制成微波功率计算图

表（图 2.14），设计时可在该图表上查得。

在选用或设计微波加热干燥装置时，应知道所需要的微波功率，其简单的计算方法可用公式(2-23)。

$$P = 0.07MC\Delta T/\eta(\text{kW}) \tag{2-23}$$

式中　M——被加工物料的产品率，kg/min；

　　　C——被加工物料的比热容，图 2.14 上暂定为 1kcal/(kg·℃)；

　　ΔT——产品加热的温升，℃；

　　　η——加热效率，图 2.14 上暂定为 1。

计算时，要分别计算被加工物本身和所含水分从原来温度升高到 100℃时所需的微波功率，再加上水分蒸发所需功率。

为了计算方便，可从图 2.14 中求得大致数值。图中，A 线和 B 线为蒸发功率，读数在右纵轴；B 线为 A 线的 10 倍；斜线为被加工物上升到一定温度到所需的功率。

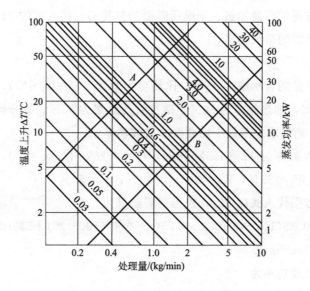

图 2.14　微波功率计算图表

【计算示例】

被加工物料的比热容为 0.3kcal/(kg·℃)，含水量为 40%，室温为 20℃，求每分钟干燥 1.0kg 物料所需的功率。

① 被加工物料从 20℃加热至 100℃，需升温 80℃，处理量为 1.0kg/min×60%＝0.6kg/min。如图 2.14 所示，横坐标 0.6kg/min、纵坐标 80℃的点位于斜线 3.3kW 上，该物料的比热容为 0.30kcal/(kg·℃)，因此所需功率应为 $P_1＝3.3kW×0.3＝0.99kW$。

② 把水分从 20℃加热到 100℃，需升温 80℃，水的处理量为 1.0kg/min×40%＝0.4kg/min。如图 2.14 所示，横坐标 0.4kg/min、纵坐标 80℃的点位于斜线 2.2kW 上，水的比热容为 1kcal/(kg·℃)，因此所需功率 $P_2＝2.2kW$。

③ 把水分蒸发掉所需的功率，可以横轴 0.4kg/min 处引直线和 A 线相交，从交点引横线至右边纵轴，读数 $P_3＝15kW$。

④ 总功率为物料升温功率、水分升温功率、水汽化功率之和，即

$$P＝P_1＋P_2＋P_3＝0.99＋2.2＋15＝18.19(kW)$$

考虑到加热效率和微波转换效率，则总的功率为

$$P_{总}＝P/(\eta_1\eta_2)＝18.19÷0.8÷0.5＝45.5(kW)$$

知道了所需总功率，即可根据加工工艺要求等具体情况选择设备台数及容量等。

（3）物料的温升计算

被干燥物料的温升可由下式计算。

$$\frac{\Delta T}{\Delta t}=\frac{8×10^{-12}fE^2\tan\delta\varepsilon}{dC}(℃/min) \tag{2-24}$$

式中　f——微波频率，Hz；

　　　E——电场强度，V/cm；

　　$\tan\delta$——介质损耗系数；

　　　ε——物料的介电常数；

　　　d——物料的密度，g/cm^3；

　　　C——比热容，cal/(g·℃)。

2.3　典型微波干燥应用

2.3.1　糙米微波干燥技术

糙米干燥与传统的稻谷干燥相比有许多优点[2]。首先，因为没有稻壳的

存在，所以不需要干燥稻壳部分的水分。其次，水分的蒸发不受稻谷外壳和稻壳与颗粒之间缝隙的阻碍，可以提高干燥速度并有利于节约能源，而且还可以提高干燥和贮藏设备的容积效率。同时，干燥设备的生产效率也可以提高大约60％，干燥成本可以大大降低；达到同样的 14％的湿基最终含水率，稻谷干燥需要 11h，而糙米干燥只需要 5h。因此，干燥效率可以大大提高。在日本，稻谷都是首先加工成糙米，然后再进行其他加工处理和贮存的。由于糙米没有像稻谷那样的外壳保护，所以在干燥过程中很容易出现爆腰等问题。微波干燥是近几十年发展起来的新型干燥技术。虽然我国在近几十年来在稻谷的干燥工艺和设备的研究和开发方面有了长足的发展，但在糙米干燥、加工和贮藏流通方面的研究和应用还处于探索起步阶段。此外，随着科技水平的不断提高和设备价格的降低，微波干燥的应用越来越广，因此研究合理的糙米微波干燥工艺及设备是非常必要的。但是，到目前为止还没有这方面的研究报告。本研究的目的是考察和探讨糙米的微波干燥工艺。

2.3.1.1 材料与方法

2.3.1.1.1 实验材料与设备

实验所用的糙米产于日本，品种为コシヒカリ（黏光）的新鲜糙米。其初始干基含水率为 17.8％～20.6％，容重为 725.6kg/m³。实验室的温度控制在 20℃±2℃的范围内，相对湿度控制在 40％～60％的范围内。微波干燥实验是在静冈制机生产的 SUK-12N 型微波干燥实验台上进行的。微波干燥实验台的工作频率为 2.45GHz±0.03GHz，输出功率可在 0～1.2kW 范围内连续调节。实验装置如图 2.15 所示。

2.3.1.1.2 实验方法

实验步骤为：将糙米装进一个 0.200m 高的立方体开口金属盒里（底部为金属网格，以屏蔽从底部辐射的微波）；装填时用 9 个塑料网将糙米隔成十个薄层，每层厚度为 20mm；为获得厚层内的干燥数据，分别从每个薄层中采取试样供各种测量用。根据有关的研究，为了提高厚层微波干燥的均匀性并保证产品的质量，采用顺流通风是合理的。"顺流通风"在这里是指通风的方向和微波在糙米厚层中传输的方向一致。因此，本研究中糙米的厚层微波干燥均采用顺流通风工艺。

本研究中糙米含水率的测定是将约 5g 的糙米样品用专用的粉碎装置磨碎，在 105℃ 的条件下干燥 5h，采用重量法测出。糙米厚层内的风速根据糙米厚层的横截面积和通风空气的流量计算得出。通风空气的流量由孔板测风仪测定。在此微波功率是指单位质量的糙米所吸收的微波放热能量，是根据微波输出功率和微波干燥室的功率反射系数计算得出的。微波输出功率根据微波发生器的输出功率特征曲线确定，微波干燥器的功率反射系数是由日本 SPC 电子公司生产的 WDC-20H-42SP 型耦合器和美国 Boonto 电子公司生产的 MICRO-WAVEWATT 型微波功率仪表测定的。实验装置如图 2.15 所示。

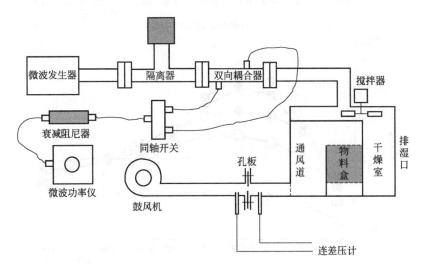

图 2.15　实验装置示意图

2.3.1.2　结果与讨论

2.3.1.2.1　糙米厚层中的温度和含水率分布

在顺流通风状态下，微波干燥 90min 后糙米厚层中的温度和含水率的分布情况如图 2.16 所示。该图显示出了在顺流通风状态下用微波干燥厚层糙米的典型特征。因糙米和稻谷有相似的特征，因此糙米厚层中温度和含水率的分布曲线与稻谷厚层中温度和含水率的分布曲线非常相似。从糙米层的最高处到深度为 0.05m 处，随着深度的增加，温度会随之增加，但含水率却随之减少；虽然理论上微波能的强度在最高处是最强的，但此处的温度却是相对最低的。在深度为 0.05～0.07m 的区间内，温度达到最高值，含水率也达到最低值；

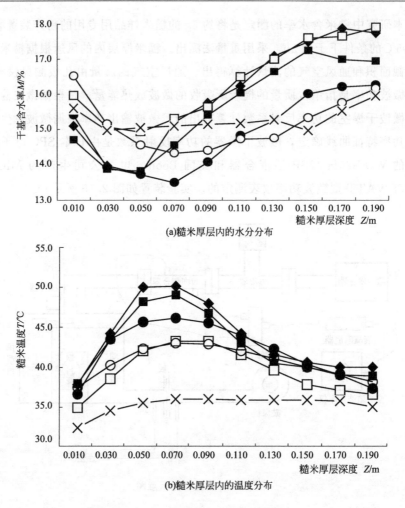

(a)糙米厚层内的水分分布

(b)糙米厚层内的温度分布

图 2.16　糙米微波干燥实验结果

温度的最大增加幅度和含水率的最大减少幅度是在深度为 0.05～0.07m 的区间内，通风空气和糙米之间的热传递在这个区间内也达到了平衡。随着深度的继续增加，温度会降低，这是因为深度超过 0.07m 之后，微波的放热能量会变得越来越小。因而，在深度大于 0.130m 之后，干燥能力会变得越来越弱，在厚层稻谷的微波干燥中也存在类似的情况。在厚层糙米的微波干燥过程中存在一个有效干燥厚度，即厚层中含水率的减少达到厚层内含水率减少最大值的一半时的深度，在此的有效干燥厚度约为 0.130m。顺流通风在厚层微波干燥中有两个作用：一个是把谷层中被蒸发出来的水分带到干燥机外，另一个作用就是热传递。在顺流通风状态下，通风把热能从微波能量强度最高的物料层顶部带到厚层的深处，使干燥所需的热量分布均匀。根据微波传输理论，糙米厚层内的微波能量强度分布应呈负指数曲线状。稻谷微波干燥的实验结果表明，在无通风的条件下稻谷厚层内的温度分布呈负指数曲线状，即厚层顶部的温度最高。当在顺流通风条件下，顶部的微波能量被顺流通风的空气传递到了糙米层的深处，因此顶部的温度并不是最高，而且厚层内的相对高温区向厚层深处延伸。顺流通风在厚层糙米的微波干燥中，对温度和含水率的分布均匀性起着十分重要的作用。在顺流通风状态下，厚层糙米微波干燥的有效干燥厚度将增大，且稍大于同条件下的稻谷微波干燥的有效干燥厚度。亦即对相同的干燥设备，用微波干燥糙米的容积效率比干燥稻谷的容积效率大将近一倍[3]。

2.3.1.2.2　干燥速度

根据厚层糙米中每个薄层的干燥数据的分析，虽然初始干基含水率为18.1%或更低，但某些薄层的干燥速度仍可达 4.61%/h。在微波功率密度为0.05～0.09kW/kg、风速为 0.12～0.20m/s 的条件下，平均干燥速度可达 2.0～2.5%/h。该值比有关研究报告中相同初始水分的稻谷的平均干燥速度大将近一倍，糙米微波干燥的效率在本实验结果中得到了很好的证实。

风速和微波功率密度在干燥过程中对平均干燥速度的影响如图 2.17 所示。当微波功率密度增大、风速减小时，糙米层内的温度和平均干燥速度就会增加。随着风速的增加，平均干燥速度会随之降低。如果风速太大，蒸发糙米中水分所需的能量就会被通风的空气吹走。事实上，虽然微波放热能量的强度理论上在最高处是最强的，但是干燥速度在此处却并不高。这亦是因为此处的微波能量被传递到了糙米层的深处[4]。此外，因为糙米颗粒没有稻壳的保护，从理论上讲其发生爆腰的可能性要比相同干燥条件下的稻谷发生爆腰的可能性要大。根据有关研究结果[5]，当风速高于 0.07m/s、微波功率密度低于0.09kW/kg 时，糙米胚芽的平均活性可以保持在 85% 以上，爆腰率可以控制在 5% 以下。因此，在顺流通风条件下对厚层糙米的微波干燥最优条件应为，微波功率密度控制在 0.09kW/kg 以下，风速控制在 0.12～0.20m/s 之间，糙米层的深度不超过 0.130m。

2.3.1.3　结论

① 随着微波功率密度的增加和风速的减小，糙米的温度和干燥速度会随

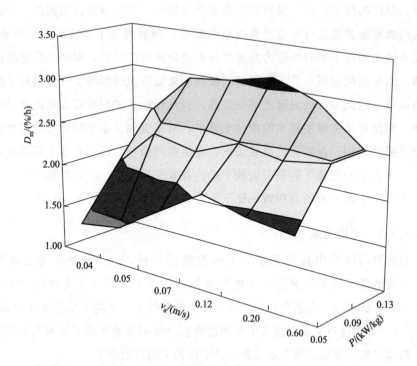

图 2.17　微波功率密度和风速对厚层内的平均干燥速率的影响

之增加，但爆腰率也会随着增加，而且会对糙米温度和水分含量的分布均匀性产生不利。因此，除非干燥速度受到严重的影响，微波功率密度和风速都应尽可能地低。

②在顺流通风状态下，厚层糙米微波干燥的有效深度比同条件下稻谷的有效深度稍大。因此在使用相同的干燥设备的前提下，糙米干燥的容积效率大约是稻谷干燥的两倍。在相同初始含水率及微波干燥条件下，糙米的干燥速度是稻谷的近两倍。这是因为在糙米的干燥过程中没有稻壳对热质传递的阻挡。因此糙米干燥的效率是稻谷干燥效率的两倍以上。

③在顺流通风条件下对厚层糙米的微波干燥，如果微波功率密度控制在0.09kW/kg以下，风速控制在0.12～0.20m/s之间，糙米层的深度不超过0.130m，则在干燥过程中糙米的质量将不会受到影响。

2.3.2　油菜花微波干燥工艺

油菜是我国主要油料作物之一，在全国均有广泛种植。每年3、4月份，油菜花盛开，美丽的景色不仅是优秀的旅游资源，更为食品、医疗等行业提供了大量原材料。油菜花含有丰富的多糖、碳水化合物、维生素、氨基酸和钙、铁、锌、硒等微量元素。其中，花粉多糖具有很强的免疫能力，有明显的防癌功效，微量元素硒则具有抗衰老作用。因此，油菜花有着很高的营养价值，是很好的保健食品，受到越来越广泛的重视。

然而，油菜花花期短、含水率高、花瓣小，采摘后如果没有合适的工艺进行处理，新鲜的油菜花极易发霉变质。而低温冷藏耗能、占地面积大、不易运输。因此，研究油菜花的干燥工艺就显得尤为重要。油菜花的干燥工艺目前少有研究，尤其是微波干燥技术应用于油菜花的干燥，目前还没有这方面的论文。微波干燥速度快、效率高，可以进行选择性加热，易于实现自动控制，可以根据生产实际实现随时关停，特别适合季节性强的农产品。本文从微波干燥技术入手，为油菜花的干燥，尤其是油菜花的微波干燥，提供了有益的尝试。

2.3.2.1 材料与方法

2.3.2.1.1 材料

3 月 22 日～25 日盛开的油菜花，采摘后放入自封袋中，置于冰箱冷藏室内，12℃恒温密封存放。试验使用的油菜花，初始湿基含水率为 83%，初始干基含水率为 505%。

2.3.2.1.2 仪器与设备

MYS800 型微波发生器，不锈钢物料盘，电子天平，温度测量器。

2.3.2.1.3 试验方法

将油菜花取出，均匀平铺在 190mm×190mm 的不锈钢物料盘内。将物料盘和油菜花一起放在干燥室内。由于物料盘是金属材质，无法吸收微波，因此可以保证新鲜油菜花充分吸收微波。分别使用功率密度 5.33W/g、8.23W/g、9.81W/g、25.5W/g、31.4W/g 进行微波加热干燥，通过调节微波发生器的阳极电流改变微波发生器的功率，从而改变每次试验的功率密度。同时观察反射电流，尽量保证反射电流为 0。加热一段时间后，取出物料盘，连同油菜花一起称重，并测量油菜花温度，记录相关数据。如果质量连续三次保持不变，则停止加热。取出干燥后的油菜花，密封后室温保存，便于进一步分析[6]。

2.3.2.2 结果与分析

2.3.2.2.1 微波功率密度的影响

微波功率密度为 5.33W/g 时，加热干燥 1min，干燥效果不明显，干燥速度缓慢。微波功率密度为 8.23W/g 时，加热 1min，干燥速度明显比功率密度为 5.33W/g、加热 1min 时的加快，干燥效果明显，且品质良好。干燥过程中，最高温度为 40℃，花瓣干燥后的色泽、品相均保持良好。最终干燥至质量不变后，取出样品，测得湿基含水率为 27%，干基含水率为 37%。图 2.18、图 2.19 为油菜花干燥前、干燥后的照片。

图 2.18　干燥前的油菜花　　　　　图 2.19　功率密度为 8.23W/g 时

干燥后的油菜花

微波功率密度为 8.23W/g 时，加热 2min，干燥速度明显比功率密度为 8.23W/g、加热 1min 时加快，干燥效果明显，且品质良好。干燥过程中，最高温度达到 48℃，花瓣干燥后的色泽、品相也能够保持良好。最终干燥至质量不变后，取出样品，测得湿基含水率为 27%，干基含水率为 37%。

微波功率密度为 9.81W/g 时，干燥速度进一步增加，且品质依旧保持良好。干燥过程中，最高温度为 38℃，花瓣干燥后的色泽、品相均保持良好。最终干燥至质量不变后，取出样品，测得湿基含水率为 27%，干基含水率为

37%。图 2.20 为功率密度 9.81W/g 下油菜花干燥后的照片。

图 2.20　功率密度 9.81W/g 下干燥后的油菜花

以上三次试验，质量变化曲线、干基含水率变化曲线见图 2.21 和图 2.22。

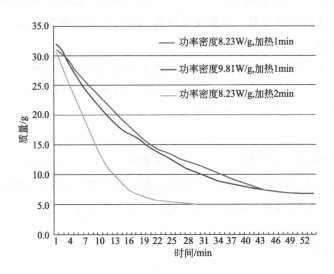

图 2.21　油菜花质量变化曲线

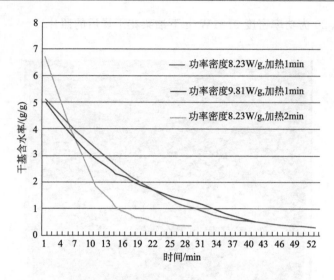

图 2.22　油菜花干基含水率变化曲线

2.3.2.2.2　微波功率密度极限

取 10g 油菜花，微波功率密度为 25.5W/g。试验结果发现，干燥速度并没有明显加快，干燥至质量不变时，出现了焦糊现象，但数量较少。再次取出 10g 新鲜油菜花，设置微波发生器功率为 255W，此时对应的功率密度为 31.4W/g。试验结果发现，焦糊现象显著增加，且花瓣尚未干燥，就已经出现焦糊现象（图 2.23）。

由此可知，微波干燥油菜花的微波功率密度极限为 25.5W/g。

微波干燥时，干燥室内的能量分布可根据天线的辐射能分布瓣形来确定，所以油菜花温度的测量，只需要测量某一个位置，即可得到此次加热的最高温度。

通过试验结果可以看出：和热风干燥相比，微波干燥速度快、效率高，且能够实现无风或微风干燥，有利于花瓣中花粉的保留。而且，使用微波干燥工艺加工的花瓣色泽鲜艳，优于热风干燥工艺加工的油菜花花瓣。

2.3.2.3　结论

通过试验，可以得出以下结论。

① 油菜花完全可以使用微波进行干燥，且干燥效果良好、速度快、效率高，并能够保持油菜花干燥后的色泽、品相。

焦糊现象
显著

图 2.23　功率密度较大时出现的明显焦糊现象

② 油菜花的微波干燥，其功率密度远远大于牡丹花花瓣的微波干燥，这是由于油菜花花瓣小、堆积密度大所致。所以，在干燥过程中，要尤其注意翻动频率不能过低，一方面有利于油菜花受热均匀，另一方面也提高了油菜花吸收微波能的效率。

③ 实际生产中，应当采用中等功率密度、长时间加热的方法，在保证油菜花干燥速度的同时，降低油菜花的温度，以保持花瓣中的有效营养成分。并且，可以利用缓苏工艺降低能耗，节约成本。

④ 微波干燥油菜花时，最大功率密度不应超过 25.5W/g，否则，会出现花瓣焦糊现象。

◆ 参考文献 ◆

[1]　潘永康，王喜忠. 现代干燥技术 ［M］.2 版. 北京：化学工业出版社，2007.

[2]　董铁有，木村俊范，吉崎繁，等. Energy Efficiency in Microwave Drying of Rough and Brown Rice ［J］. 农业工程学报，2002，18（5）：43-47.

[3]　Dong T，T Kimura S，et al. Microwave Drying of Thick Layer Rough Rice with Concurrent，

Counter and Cross Flow Ventilation [J] . Journal of the Japanese Society of Agricultural Machinery, 2000, 62 (4): 89-101.

[4] 董铁有, 朱文学, 木村俊范, 等. 均匀平铺载荷下微波干燥室内的能量分布 [J] . 食品与机械, 2002, 88 (2): 24-25, 27.

[5] 董铁有, 朱文学, 木村俊范, 等. 糙米的厚层微波干燥 [J] . 农业工程学报, 2003, 19 (2): 160-162.

[6] 董铁有, 木村俊范, 吉崎繁, 等. 平铺载荷下微波干燥室的反射特性 [J] . 农业机械学报, 2003, 34 (4): 71-73.

第3章

食品真空微波干燥技术与应用

3.1 真空微波干燥技术概述

真空微波干燥也称微波真空干燥（microwave vacuum drying，MVD），是一种新的干燥方式。它集微波干燥和真空干燥于一体，兼备了微波及真空干燥的一系列优点，克服了常规真空干燥周期长、效率低的缺点，在一般物料干燥过程中，可比常规方法提高工效4～10倍。

3.1.1 真空微波干燥的原理及特点

3.1.1.1 真空微波干燥技术的原理

微波是具有穿透能力的电磁波。微波干燥利用的是介质损耗原理，水是强烈吸收微波的物质，因而水的损耗因数比干物质大得多，能大量吸收微波能并转化为热能。物料中的水分子是极性分子，在微波作用下，其极性取向随着外加电场的变化而变化，微波场以每秒几亿次的高速周期地改变外加电场的方向，使极性的水分子急剧摆动、碰撞，产生显著的热效应。微波与物料的作用是在物料内外同时进行，在物料表面，由于蒸发冷却的缘故，物料表层温度略低于里层温度，同时由于物料内部产生热量，以至于内部蒸汽迅速产生，形成压力梯度，因而物料的温度梯度方向与水汽的排出方向一致，这就大大改善了干燥过程中的水分迁移条件，驱使水分流向表面，加快干燥速度。

微波的穿透能力可用穿透深度 H_T 来表示，所谓穿透深度是指入射能量衰减到 1/e 的深度，其值可按下式计算：

$$H_T = \frac{\lambda_0}{2\pi\sqrt{\varepsilon_r \tan\sigma}}$$

式中 λ_0——波长；

       ε_r——相对介电常数；

   $\tan\sigma$——介质损耗系数。

由此可见，穿透深度与波长成正比，亦即与频率成反比，与相对介电常数和介质损耗因数的平方根成反比，如 95℃的水在频率 915MHz 的微波照射下，穿透深度是 29.5cm，而在 2450MHz 的微波照射下，只有 4.8cm。可见 915MHz 的微波可加工较厚、较大的物料，2450MHz 的微波适宜于加工较薄的物料。

真空干燥的机理是根据水和一般湿介质的热物理特性，在一定的介质分压力作用下，对应一定的饱和温度，真空度越大，湿物料所含的水或湿介质对应的饱和温度越低，越易汽化逸出而使物料干燥。在真空干燥中，当真空度加大，达到对应的相对较低的饱和温度时，水或湿介质就激烈地汽化；水或湿介质沸点温度的降低，加大了湿物料内外的湿推动力，加速了水分或湿介质由湿物料内部向表面移动和由表面向周围空气散发的速度，从而加快了干燥过程。

真空微波干燥技术综合了真空和微波的优点，由于加热干燥的物料处于真空之中，水的沸点降低，因此水分及水蒸气向表面迁移的速度更快。所以真空微波干燥既加快了干燥速度，又降低了干燥温度，具有快速、低温、高效等特点，也能较好地保留食品原有的色、香、味和维生素等，热敏性营养成分或具有生物活性功能成分的损失大为减少，得到较好的干燥品质，且设备成本、操作费用相对较低。

3.1.1.2 真空微波干燥技术的特点

综上所述，真空微波干燥主要有以下几方面的特点。

① 高效易控：真空微波干燥采用辐射传能，微波可以穿透至物料内部，使内外同时受热，无需其他传热媒介，所以传热速度快、效率高、干燥周期短、能耗低。又因其加热的能量控制无滞后现象，所以容易实施自动控制。

② 安全高质：微波不会给被加热物料带来不安全因素，其安全性得到国际认可。真空微波干燥对物料中热敏感性成分及生物活性物质的保持率一般可

达到 90％～95％，且真空微波干燥时间较冷冻干燥时间大大缩短，成品品质达到或超过冻干产品。

③ 环保低耗：干燥过程中无有毒、有害废水或气体的产生，生产环境清洁卫生；微波能源利用率高，对设备及环境不加热，仅对物料本身加热；运行成本比冻干降低 30％～40％，也低于红外干燥。

④ 适应性强：真空微波干燥对形状复杂、初始含水量分布不均匀的物料也可进行较均匀的脱湿干燥。对热敏感高的物质，如一些生物药品，可采取微波与真空冷冻干燥相结合的方法，缩短干燥周期。

此外，微波还具有消毒、杀菌之功效。但在真空微波组合干燥过程中，由于微波功率、真空度或物料形状选择不当，可能会产生烧伤、边缘焦化、结壳和硬化等现象。同时，为保障设备使用的安全性，微波泄漏量应达到国际电工委员会（IEC）对微波安全性的要求。

3.1.2　真空微波干燥过程中的传热与传质

微波本身是一种能量形式，而不是热量形式，但是在电介质中可以转化为热量。能量转换的机理有多种，其中离子传导和偶极子转动是介质加热的主要机理。

离子传导：离子在运动过程中与其周围的其他粒子发生碰撞，同时将动能传给被碰撞的粒子，使其运动加剧。如果物料处于高频交变电场中，则物料中的粒子就会发生反复的变向运动，致使碰撞加剧，产生耗散热（或焦耳热），即发生了能量转化。

偶极子转动：当电介质置于交变的外电场中时，则含有非极性分子和有极性分子的电介质都被反复极化，偶极子随电场的变化在不断地发生"取向"（从随机排列趋向电场方向）和"弛豫"（电场强度为零时，偶极子又回复到近乎随机的取向排列）排列。这样，由于分子原有的热运动和相邻分子之间的相互作用，使分子随外电场转动的规则运动受到干扰和阻碍，产生"摩擦效应"，使一部分能量转化为分子热运动的动能，即以热的形式表现出来，物料的温度随之升高，即电场能被转化为热能。

水是最典型的极性分子，湿的物料因为含有水分而成为半导体，此类物料，除转向极化外，还发生离子传导（一般地，水中溶解有盐类物质）。在微波频率范围，偶极子的转动占主要地位；低频率时，离子传导占主导地位。

图 3.1 表示了微波干燥和普通干燥（包括热风干燥和真空干燥等）过程中热量传递的方向和水分迁移的方向。由图可知，普通干燥时，湿物料的温度梯度和含水率梯度，二者方向相反，即湿物料中的传热和传质方向相反；微波干燥时，湿物料的温度梯度和含水率梯度，二者方向一致，也即湿物料中的传热和传质方向是相同的。

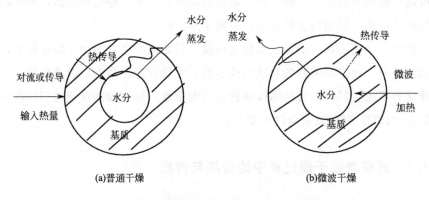

图 3.1　微波干燥与普通干燥机理比较

在真空微波干燥过程中，物料内部产出热量，传质推动力主要是物料内部迅速产生的蒸汽所形成的压力梯度。如果物料开始很湿，物料内部的压力升高得非常快，则液体可能在压力梯度的作用下从物料中被排出。初始含湿量越高，压力梯度对湿分排除的影响也越大，也即有一种"泵"的效应，驱使液体流向表面。真空条件下，由于低压强使得水的沸点降低，加快了水分蒸发速度，同时由于蒸发冷却，物体表面温度要低内部温度，因此加快了物料内的水分移动和蒸发速度。

3.1.3　真空微波干燥的干燥动力学模型

干燥是一个非常复杂的过程，既涉及复杂的热量、质量传递过程，又与物料的特性、物料的质量等密切相关。干燥动力学是研究物料湿含量、温度随时间的变化规律，从宏观和微观上间接地反映了热量、质量的传递速率。研究干燥动力学数学模型对干燥过程操作、提高产品质量具有重要的意义。

对于热风干燥薄层物料，许多学者通过不同物料的研究，总结了三个经验数学模型来描述干燥动力学规律。

$$指数模型：MR = \exp(-kt) \tag{3-1}$$

$$单项扩散模型：MR = a\exp(-kt) \tag{3-2}$$

$$Page 方程：MR = \exp(-kt^n) \tag{3-3}$$

式中，$MR = (X_t - X_e)/(X_0 - X_e)$，为水分含量的比例，$X_t$ 为 t 时刻时样品的含水量，X_0 是样品的初始含水量，X_e 是达到吸附平衡时样品的含水量；k、a、n 为干燥常数。

① 指数模型 [式(3-1)] 是 Lewis 等[1] 基于牛顿冷却定律建立的描述水分子运动的模型。指数模型主要考虑了物料表面边界层对水分扩散运动的阻力，忽略了内部水分子的运动。

② 单项扩散模型 [式(3-2)] 主要根据 Fick 第二定律，假设物料中的水分是以液态水的形式从表面向外扩散，在干燥条件一定的情况下，只取扩散方程的前一项，则得到单项扩散模型。

③ Page 方程 [式(3-3)] 是式(3-1) 所作的修正，增加了时间 t 的一个指数。

真空微波干燥中水分的迁移包括液态水和气态水的同时迁移，而且以气态水的迁移为主，使用上面的三个方程来描述真空微波干燥动力学显然是不合适的。

Kiranoudis 等[2] 研究了真空微波干燥三种水果的干燥动力学，该研究应用了单项扩散模型，从经验的角度出发，找出影响干燥常数的主要影响因素，赋予它们各因素指数的乘积关系，$X_t = X_0\exp(-k_M t)$，$k_M = k_0 Q^{k_1} P^{k_3}$（$Q$ 是微波能大小，P 是压力，k_0 是与物料有关的常数），然后将试验结果回归得到各指数和未知常数。

东北大学王喜鹏等[3] 对胡萝卜片真空微波干燥过程的特性进行了研究，建立了真空微波干燥理想状态下的理论动力学模型：

$$X_t = X_0 - \frac{Q_m}{M_0 r_p}t \tag{3-4}$$

式中，X_t 为 t 时刻样品的含水量；X_0 是样品初始含水量；Q_m 为物料吸收的微波能；M_0 为物料中固形物含量；r_p 为水在真空度为 -5kPa 时的汽化潜热；t 为干燥时间。

实际生产中，影响真空微波组合干燥动力学的因素众多，如物料本身的物性差异、真空度的差异、微波穿透是否均匀、微波功率脉冲间隔、热损失及能量泄漏等。因此，对真空微波干燥动力学进行详细深入的研究，是真空微波组合干燥得以广泛应用的基础和前提。

3.1.4　真空微波干燥在食品中的应用

国外在 20 世纪 80 年代已经开始了真空微波干燥技术的研究，主要集中在美国、加拿大、德国和英国等几个国家，他们的研究为真空微波在食品工业上的应用奠定了良好的基础。

Drouzas 和 Schubert[4] 研究了真空微波干燥香蕉片。通过调节微波功率和真空度，来控制产品的干燥过程，结果发现压力小于 25MPa、微波功率为 150W、干燥时间 30min、控制产品的干基含水率为 5%～8% 时，所得到的产品色泽亮丽、口感香甜，并且没有收缩。Cui 等[5] 研究了真空微波干燥不同切片厚度的胡萝卜的温度分布及干燥过程中温度的变化。并通过引入真空微波干燥的理论模型，加以改进，结果表明干燥的微波功率分别取 162.8W、267.5W、336.5W，压力分别取为 3.0kPa、5.1kPa、7.1kPa，水分含量约为 2kg/kg 干基时，干燥速率与水分含量呈线性相关。继续干燥则需要引入校正系数以使数学模型与试验数据相适应。P. P. Sutar 和 S. Prasad 等[6] 对胡萝卜进行真空微波干燥时，选用 9 个数学模型进行拟合。选定不同的微波密度、真空压力，设置干燥终点为干基含水率 4%～6%，最后显示 Page 模型最适合用来预测胡萝卜片的真空微波干燥，并且发现微波密度对干燥速率有显著的影响，真空压力对干燥速率影响不明显。Ressing 等[7] 建立了二维有限元模型用来模拟真空微波干燥条件下面团的膨化脱水过程。该模型将热与固体力学有机地耦合，指明了面团膨化的机制：干燥室与面团中空气的压力差以及面团温度上升所产生的蒸汽。它还进一步表明物料温度分布与微波的穿透深度有关。

我国在 20 世纪 80 年代后期开始对真空微波干燥进行研究。

真空微波干燥可以划分为两个阶段：初始干燥阶段和第二干燥阶段。与传统的冷冻干燥不同，真空微波干燥的初始干燥阶段相对较短，而且温度上升得很快。在第二干燥阶段，温度上升得更快，这是微波加热的特点。有研究显示真空微波干燥和冷冻干燥相比可以减少 40% 的干燥时间，得到的产品品质与冷冻干燥相似。真空微波干燥除了可以加快干燥速率外，还能减少产品中微生物的浓度。黄姬俊等[8] 利用真空微波干燥技术对香菇进行干燥，按去除水分的速率将干燥过程分为加速、恒速和降速 3 个阶段；微波功率和装载量对干燥速率影响显著，真空度对干燥速率影响不明显。黄艳等[9] 利用真空微波干燥技术对银耳进行真空微波干燥，选取微波功率密度、真空度及初始含水率等因素研究它们对干燥速率的影响，结果显示微波功率密度对干燥速率的影响最大。李辉等[10] 研究了荔枝果肉微波真空干燥特性，探讨不同微波功率、相对压力及装载量对荔枝果肉干燥速率的影响。结果表明，微波功率和装载量对荔枝果肉干燥速率的影响较大，而相对压力的影响不明显。魏巍等[11] 为了研究茶叶在真空微波干燥过程中水分的变化规律，以绿茶为原料，进行了真空微波干燥试验；绘制了微波功率、真空度与干燥速率的曲线，并建立了相关的干燥动力学模型。最后得出的结论是，绿茶的真空微波干燥过程可分为加速和降速两个阶段，无明显恒速干燥阶段；微波功率越大，干燥时间越短，真空压力越低，干燥速度越快。但当相对压力降到$-80kPa$后，对干燥速率的影响就不明显了。刘海军[12] 为了弄清果片内部的水分分布、温度变化，利用计算机模拟的方法得出微波真空膨化过程中的传质传热数学模型及体积膨胀数学模型，用来模拟干燥过程中果片内部传质和温度变化。李维新等[13] 为了避免糖姜焦糊，建立了糖姜真空微波干燥动力学模型；以湿糖姜为原料，研究真空度、功率质量比及姜块的体积对糖姜真空微波干燥速率及品质的影响。结果显示糖姜真空微波干燥的动力学模型为指数模型，为实现糖姜的可控制工业化干燥提供了技术依据。田玉庭等[14] 选定微波功率密度和真空度，研究它们对干燥时间、干制品色度、多糖含量和单位能耗的影响；通过对试验数据进行多元回归拟合，建立了二元多项式回归模型，并确立了龙眼真空微波干燥最佳工艺参数为：微波功率密度 4W/g，真空度$-85kPa$。

3.1.5　影响真空微波干燥效果的重要因素

（1）物料的种类和大小

不同种类的物料因组织结构不同，水分在物料内部运动的途径不同，故造成真空微波干燥的工艺也不尽相同。在真空微波干燥过程中，物料内部逐渐形成疏松多孔状，其内部的导热性开始减弱，即物料逐渐变成不良的热导体。随着真空微波干燥过程的进行，内部温度会高于外部，物料体积愈大，其内外温度梯度就愈大，内部的热传导不能平衡微波所产生的温差，使温度梯度大。因此，一般对物料进行预处理，得到较小的粒状或片状以改进干燥的效果。

（2）真空度

压力越低，水的沸点温度越低，物料中水分扩散速度越快。真空微波谐振腔内真空度的大小主要受限于击穿电场强度，这是因为在真空状态下，气体分子易被电场电离，而且空气、水汽的击穿场强随压力而降低；电磁波频率越低，气体击穿场强越小。气体击穿现象最容易发生在微波馈能耦合口以及腔体内场强集中的地方。击穿放电的发生不仅会消耗微波能，而且会损坏部件并产生较大的微波反射，缩短磁控管使用寿命。如果击穿放电发生在食品表面，则会使食品焦糊，一般 20kV/m 的场强就可击穿食品。所以正确选择真空度大小非常重要，但真空度并非越高越好，过高的真空度不仅能耗增大，而且击穿放电的可能性也会增大。

（3）微波功率

微波有对物质选择性加热的特性。水是分子极性非常强的物质，较易受到微波作用而发热，因此含水量愈高的物质，愈容易吸收微波，发热也愈快；当水分含量降低，其吸收微波的能力也相应降低。一般在干燥前期，物料中水分含量较高，输入的微波功率对干燥效果的影响高些，可采用连续微波加热，这时大部分微波能被水吸收，水分迅速迁移和蒸发；在等速和减速干燥期间，随着水分的减少，需要的微波能也少，可采用间隙式微波加热，这样有利于减少能耗，也有利于提高物料干燥品质。

3.1.6　真空微波干燥设备设计

微波干燥可以使物料内外同步受热，具有干燥速度快、干燥均匀的特点。但是干燥温度一般在 70℃ 以上，容易造成物料糊化。真空干燥可以使物料在较低的温度下干燥，很好地保护了热敏性物料的有效成分，但是热传导速率慢、干燥成本高。真空微波干燥是集微波干燥和真空干燥于一体的新型干燥技术，它以微波作为热源，可克服真空干燥热传导慢的缺点。综合起来具有干燥速度快、干燥品质好、干燥成本低等优点，是极具发展潜力的新型干燥技术。这样的优势使得它在食品、农产品和医药方面都有广泛的应用。然而现在的真空微波干燥设备存在受热不均、微波源受热易损坏、物料装载量少等缺点，为了提高干燥品质和干燥效率，新设备的研发必不可少。针对这一现状，本研究专门设计了一种真空微波干燥设备。它将波源和波导进行了一体化设计，物料盘进行了分层设计，冷阱进行了模块化设计，有效地克服了已有设备的缺点，以利于真空微波干燥得到更广泛的应用。

3.1.6.1　真空微波干燥机整体设计

如图 3.2 （a） 所示，该真空微波干燥设备的外观呈长方体。在设备的正面设置了门体系统、控制系统和真空测量系统。门体上设置有可视性窗口，窗口由玻璃制成，并加装了微波屏蔽金属网，既可以清楚地看清物料室内的干燥状况，又能保证微波不会泄漏。在门体的旁边设置了操作面板，用来控制设备的各个系统。门体的下方安装了真空计，用来测量真空发生室的真空度。在整个设备底部的 4 个角处对称安装了 4 个轮子，以方便设备的移动。如图 3.2 （b） 所示，该真空微波干燥设备的内部结构主要包括微波制热部分和真空制冷部分。微波制热部分包括微波源、波导和微波室；真空制冷部分包括真空室、真空泵、制冷机和冷阱。微波室包括微波发生室和物料室；真空室包括真空发生室和物料室；物料室为真空室和微波室交叉部分。

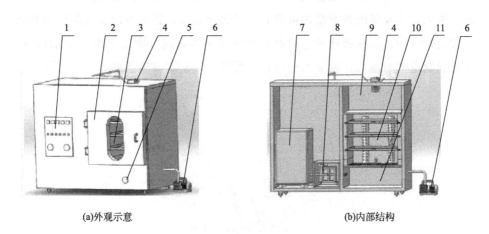

(a)外观示意　　　　　　　　　　　　(b)内部结构

图 3.2　真空微波干燥机

1—控制面板；2—门体；3—门体观察窗；4—波源波导；5—真空计；6—真空泵；
7—制冷机；8—冷阱；9—微波发生室；10—物料室；11—真空发生室

该设备的工作过程为：先将需要干燥的物料在−20℃左右进行预冷冻 2h，

然后将物料放入−80℃的冰箱中进行速冻，确保物料中的水分都变成固态冰。接着打开仓门，将物料放入物料室的托盘中，关闭仓门和冷阱放水阀；打开真空泵抽真空，真空度达到设定值时，打开制冷机，向冷阱中注入制冷剂，确保冷阱正常工作。然后，打开微波发生器对物料进行微波加热，并开启冷阱和波源冷却装置连接处的阀门。待加热结束后，关闭微波发生器和制冷机，打开放气阀，待真空仓内的压力恢复到大气压，打开仓门取出物料。接着，打开注水阀，向冷阱中注入水，待冷阱中的冰霜全部融化后，打开放水阀，将水排出。

3.1.6.2 微波制热部分设计

如图3.3所示，微波源和波导焊接为一个整体，上层是微波源，下层是波导，波源和波导之间设置有法兰；该法兰与真空微波干燥设备的外层金属壁焊接或螺钉连接，保证微波不会泄漏。下层的波导结构是一个由空心不锈钢管制成的弹簧结构，弹簧底部设置了不锈钢底板，以利于微波的反射；弹簧结构的螺距为d，该距离可以使反射的微波顺利通过。这样的波导结构可以使微波在波导底板和弹簧之间复杂地反射，最后从弹簧缝隙处射出，得到的微波更加均匀。另外，微波源使用过程发热会严重影响其使用寿命，传统的自然冷却效果差。所以，本波导的弹簧结构由空心不锈钢管制成，管内可以加入制冷剂对微波源进行冷却；并在波导的进口处分别设置了进口阀（图3.3中未显示），便于控制制冷剂的进入，波导的出口是封死的，防止制冷剂泄漏。

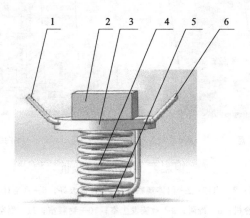

图3.3 波源与波导的示意图

1—进口；2—波源；3—法兰；4—波导；5—不锈钢底板；6—出口

微波室包括上层的微波发生室和下层的物料室。微波发生室和物料室之间用陶瓷板隔开。这是因为陶瓷板对微波能的吸收可以忽略，既可以最大地作用到冻干物料上，又能防止物料中蒸发出来的水、灰尘等进入波导部分，保证设备部件的性能和使用寿命，提高微波能的转换效率。

（1）微波发生室

如图 3.4 所示，微波发生室上面和四周面均为不锈钢，以防止微波泄漏；下面为陶瓷板，允许微波顺利进入物料室，陶瓷板与不锈钢外壁之间真空密封连接。

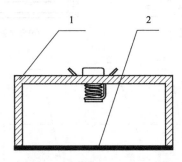

图 3.4　微波发生室的示意图

1—不锈钢外壁；2—陶瓷板

（2）物料室

如图 3.5 所示，物料室为双层结构。外层由不锈钢组成，防止微波泄漏。内层由聚四氟乙烯组成，微波可以顺利地通过。物料盘也是由聚四氟乙烯组成的，既可以盛放物料，又允许微波顺利通过。所述的物料盘与物料室的聚四氟乙烯内层装配到一起，即聚四氟乙烯内层作为支架部分，物料盘作为盛料部分。物料盘为抽屉状的，可以自由地在内层聚四氟乙烯支架上推拉，既方便物料的装卸，又可以根据实际的需要增加物料盘的数量。物料室的下面设置有微波屏蔽板。微波屏蔽板为不锈钢金属板，金属板上均匀分布有直径为 2～4mm 的小孔。所述微波屏蔽板一方面可防止微波进入真空发生室，通过真空管泄漏；另一方面可允许物料室中的水蒸气通过，被冷阱捕捉。

另外，在微波屏蔽板上还开有允许照明设备和测温设备通过的管道，即测量装置在物料室，连接测量装置的电线在真空发生室。照明设备和测温设备的外面都设有微波屏蔽的外壳（即金属材质的外壳，上面均匀分布 2～4mm 的小孔），这样可以有效地防止测量装置打火放电。

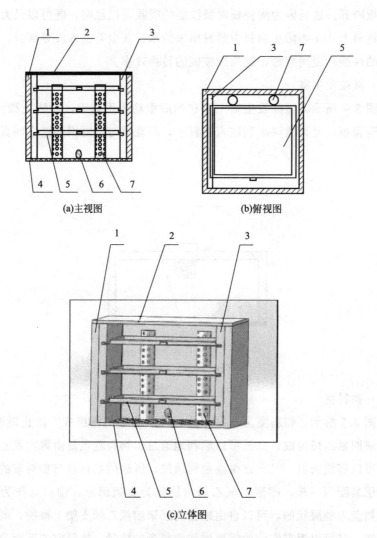

(a)主视图　　　　　　　　　　(b)俯视图

(c)立体图

图 3.5　物料室的示意图

1—不锈钢外壁；2—陶瓷板；3—聚四氟乙烯内壁；4—微波屏蔽板；

5—物料盘；6—测温装置；7—照明装置

3.1.6.3　真空制冷部分的设计

真空室包括物料室和真空发生室。物料室是真空室和微波室的交叉部分，所以这里就不再赘述。真空发生室如图 3.6 所示，四周及底面由不锈钢组成，防止微波泄漏；上面为微波屏蔽板，将物料室和微波发生室隔离。此处的微波屏蔽板与微波制热部分所述的屏蔽板为同一个屏蔽板，所以这里也不再赘述。微波发生室的左面设置了多个均匀分布的水蒸气捕捉口，捕捉口与冷阱相通，物料室的水蒸气通过微波屏蔽板进入真空发生室，再从真空发生室通过水蒸气捕捉口进入冷阱被冷阱捕捉，均匀分布的水蒸气捕捉口可以防止冷阱出现局部冰层过厚的现象。

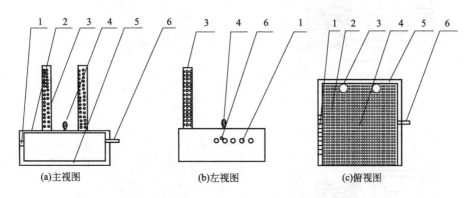

图 3.6　真空发生室的示意图

1—水蒸气捕捉口；2—微波屏蔽板；3—照明装置；4—测温装置；5—不锈钢外壁；6—真空管道

如图 3.7 所示，所述的真空泵由不锈钢制成，外观为近似的长方体，在泵体的最上部设置了把手，以方便拿取；还设置了底座，保证泵体受力平衡，可以平稳地放置。另外，在泵体上还设置了进油口和出油口。进油口为换油时注入油的地方，位于泵体上部，这样在重力的作用下可以保证油顺利地进入泵体。出油口为换油时流出油的地方，位于泵体下面，刚好与泵体油腔的底面相切，这样可以保证油完全流出。油腔的侧面上还设置了由玻璃制成的目视镜，可以清楚地观察油腔的内部情况；目视镜上设置了最高刻度和最低刻度，方便估算加入油的量。真空管道位于最上端，与真空发生室通过管道真空密封连接。底座处设置了电源插口，用来通电驱动真空泵工作。

如图 3.8 所示，制冷机的制冷剂输出端与冷阱的进口端相连。冷阱的出口端与波导的进口端相连，使得冷阱中的冷凝剂也可以进入波导的弹簧结构中，为微波源降温，提高微波源的使用寿命；并且在冷阱与波导的连接处设置了真空阀，用来控制冷阱与波导接通与否。冷阱与真空发生室之间设置有相通的水蒸气捕捉口，使得物料室内产生的水蒸气先进入真空发生室，再从真空发生室的水蒸气捕捉口进入冷阱，被冷凝管单元捕捉。

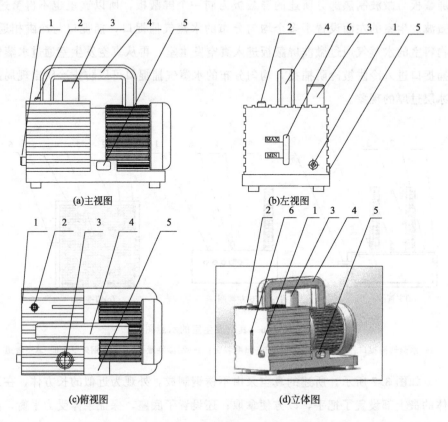

(a)主视图　　　　　　　　　　(b)左视图

(c)俯视图　　　　　　　　　　(d)立体图

图 3.7　真空泵的示意图

1—出油口；2—进油口；3—真空管；4—把手；5—电源插口；6—目视镜

　　如图 3.9 所示，冷阱包括冷凝管单元、外壳、进水口、出水口和溢流阀。如图 3.10 所示，冷凝管单元是由空心不锈钢管组成的正方体，使得正方体的每个面都呈"田"字形，空心管之间通过无缝焊接相互连通，保证冷凝剂可以在冷凝管单元内自由流动。在正方体的前后两面的正中间，分别设有冷凝剂的进出口。由于冷凝管单元的尺寸都是标准化设计，因此可以方便地根据干燥物料的多少来增减冷凝管单元的数量，以提高冷阱的利用率。冷凝管单元的进出口处都车有螺纹，它们之间用标准管接头连接。冷凝管单元位于冷阱外壳正中央，它们之间通过螺栓连接；冷阱外壳为长方体，四周面和后面用不锈钢制成，前面用透明玻璃制成，玻璃和不锈钢之间真空密封配合。这样的构造，可

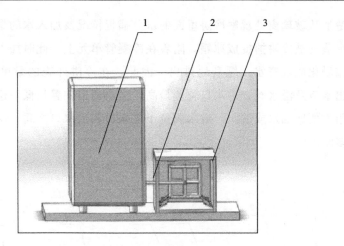

图 3.8 制冷机和冷阱连接示意图

1—制冷机；2—连接管；3—冷阱

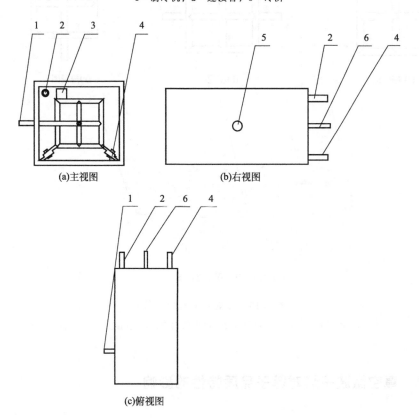

图 3.9 冷阱的示意图

1—冷凝管进口；2—进水口；3—溢流阀；4—出水口；5—水蒸气捕捉口；6—冷凝管出口

以清楚地从玻璃窗处观察冷阱里面的水分捕捉情况及加入水的量。干燥结束以后，水蒸气被冷阱捕捉成冰霜，附着在冷凝管单元上，此时加入常温的水可以将冰霜融化成液态水，顺利地排出。因此，在冷阱外壳的最里面设置有进水口、出水口及溢水阀。进水口位置最高，出水通道位置最低，这样可以利用重力作用方便地加水或放水。溢水阀位于进水口和出水口之间，用于防止加入的水过多溢出。

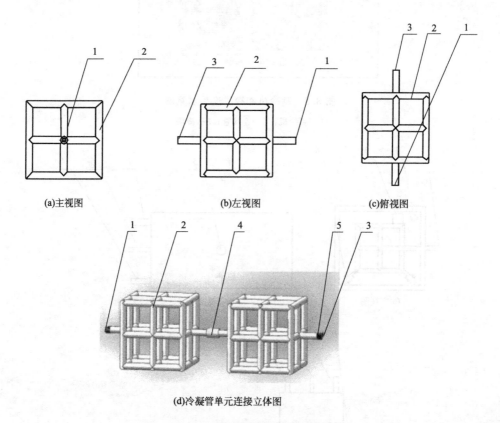

(a)主视图　　　　　　　　(b)左视图　　　　　　　　(c)俯视图

(d)冷凝管单元连接立体图

图 3.10　冷凝管单元的示意图

1—冷凝管进口；2—冷凝管；3—冷凝管出口；4—管接头；5—螺纹

3.2　真空微波干燥对莲子品质特性的影响

莲子作为一种高级滋补食品，具有对抗组织炎症、抵抗癌症、解毒脾脏、

缓解腹泻症状、强化肾脏的功能，在民间广为食用。由于新鲜莲子含水率介于
65％～70％之间，组织中多酚氧化酶活性较高，极易受微生物侵染或发生褐变
而缩短其货架期和降低食用品质。因此，目前莲子的贮存保鲜常以脱水干制为
主，以延长其货架期。而传统的热风干燥会带来不利的物理和化学变化，因
此，寻找科学的干燥方法进而缩短干燥时间，减少莲子品质损失势在必行。与
传统的热风干燥相比，真空微波干燥能大幅度缩短干燥时间，较大限度保留热
敏性和易氧化的营养成分，其品质可与冷冻干燥的物料相近，但成本远小于冷
冻干燥。因此，真空微波干燥因兼具微波干燥快速和真空干燥低温的优点，近
年来成为国内外食品干燥领域研究的热点。目前，国内外科研工作者主要集中
于对真空微波干燥的工艺条件进行优化，少有关于解释其后期存在结合水无法
继续干燥、干燥速度明显减少、品质被严重破坏的原因的报道，限制了莲子产
业的进一步拓展。陈丰[15] 在研究中也发现微波功率密度对干制莲子的干燥时
间和物理品质有影响，但是未能解释其原因。本章将用到传热传质机理相关的
知识，比如跟干燥参数相关的有效水分扩散系数，从而设计理想的干燥机用于
生产高品质的干燥产品。

此外，不同的非晶态食品材料的玻璃化转变温度，在食品加工和贮藏过程
中对食品稳定性起很重要的作用。当温度低于玻璃化转变温度时，在一定的时
间范围内，由扩散引起的产品变质不明显。因此，通过升高玻璃化转变温度来
保护食品是一种好方法。不仅是上面提到的水分含量，水分状态也是一个衡量
莲子在真空微波干燥过程中品质的重要指标。因此，低场核磁共振可以用于观
测水分流动性和干制品内部的低分子量溶质。淀粉老化是基于淀粉糊化的基础
上形成的，对口感有影响。而真空微波干燥是一种潜在的方式，可以用于升高
峰值温度（T_p）来减少淀粉糊化作用，进而减少老化作用以及有助于保护真
空微波干燥后莲子的原始风味。更重要的是，只有少数研究表明玻璃化转变温
度和水分状态间的关系，但是，同时研究玻璃化转变温度、糊化温度和水分状
态间关系的报道还未见到。

本节利用有效水分扩散系数来探讨了不同微波功率密度影响真空微波干燥
莲子干燥时间的原因，并探讨了微波功率密度对水分状态、玻璃化转变温度和
糊化温度的影响。同时，测量真空微波干燥后莲子色泽和游离氨基酸的含量，
探讨真空微波干燥对莲子品质的影响。

3.2.1 材料与方法

3.2.1.1 试验材料

莲子：花排莲，速冻鲜莲、无虫害、无霉、无莲心（胚芽）、无莲膜，由福建闽江源绿田发展有限公司提供；试验前将莲子浸泡在 4℃±0.5℃冷水中 8h；新鲜莲子的初始干基含水率 $1.89±0.02g/g$；取纵横径比为 1.10 的莲子作为试验材料，用于干燥的样品都取自同一批解冻的莲子。

3.2.1.2 主要仪器设备

KL-ZD-42K 微波真空干燥机：福建农林大学、广州凯棱工业微波设备有限公司联合研制；

AL204 型电子分析天平：梅特勒-托利多仪器〔上海〕有限公司；

SFY-6 型卤素快速水分测定仪：深圳冠亚科技有限公司；

11025 型快速检测探针温度计：美国 Delta TRAK 公司；

DSC1 型差式扫描量热仪：瑞士梅特勒-托利多仪器有限公司；

MesoMR23-060H-I 型低场核磁共振及其成像系统：纽迈电子科技有限公司；

WSC-S 型测色色差计：上海精密科学仪器有限公司；

L-8900 型全自动氨基酸分析仪：日本日立公司。

3.2.1.3 试验方法

3.2.1.3.1 微波真空干燥方法

采用福建农林大学和广州凯棱工业微波设备有限公司联合研制的新型微波真空干燥机，其最大额定功率为 4.2kW（图 3.11）。每次干燥试验时，确定称取 200g 大小一致的莲子，平均分配在六个载物盘中，将载物盘对称放置于真空微波干燥机的干燥腔内，载物盘转速设定为 10r/min。

微波功率密度为微波功率与干燥物料质量之比，故又称作单位质量接收的功率，其计算公式如下：

$$P = \frac{W}{m_0} \tag{3-5}$$

式中，P 为微波功率密度，W/g；W 为微波功率，W；m_0 为物料初始质量，g。

真空度设定为 $-80\mathrm{kPa}$，分别选取微波功率密度为 10W/g、15W/g 和 20W/g 来进行干燥特性试验。为准确反映莲子的真空微波干燥特性，相同试验条件下的每次干燥试验都是连续的，干燥时间为递增数列（公差为 1min），当莲子的干基含水率低于 0.15g/g 时，该试验条件下的干燥时间不再递增。将探针温度计放在莲子的中心，快速测量干燥过程中样品的温度。

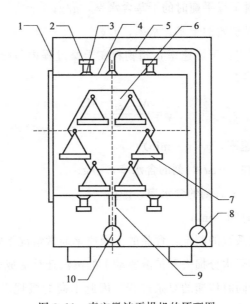

图 3.11　真空微波干燥机的原理图

1—真空微波干燥机盒子；2—微波发生器；3—微波馈入口；4—真空干燥室；

5—真空管道；6—托板；7—样品架；8—真空泵；9—驱动系统；10—电动机

3.2.1.3.2　水分含量相关指标的测定

含水率的测定：采用干基含水率表示法，干基含水率即一定质量的莲子中水分质量与绝干莲子质量之比，其测定参照 GB 5009.3—2016。干基含水率的计算公式如下，即

$$w = \frac{m_0 \times w_0 - (m_0 - m_t)}{m_0 \times (1 - w_0)} \times 100\%　\tag{3-6}$$

式中　w——莲子的干基含水率，%；

　　　　m_0——新鲜莲子的质量，g；

w_0——新鲜莲子的湿基含水率，%；

m_t——干燥 t 时间后莲子的质量，g。

水分比（MR）用于表示一定干燥条件下物料还有多少水分未被干燥去除，可以用来反映物料干燥速率的快慢，其计算公式如下：

$$MR = \frac{M_t - M_e}{M_0 - M_e} \tag{3-7}$$

式中　M_t——物料在 t 时刻的干基含水率，g/g；

M_e——物料干燥平衡时的干基含水率，g/g；

M_0——物料初始的干基含水率，g/g。

干燥速率的测定：干燥速率 φ 指物料在干燥过程中每分钟蒸发的水分量，其计算公式如下，即

$$\varphi = \frac{M_{t+\Delta t} - M_t}{\Delta t} \tag{3-8}$$

式中　φ——干燥速率，g/(g·min)；

$M_{t+\Delta t}$——物料在 $t+\Delta t$ 时刻的含水率，g/g；

M_t——物料在 t 时刻的含水率，g/g；

Δt——干燥时间，min。

有效水分扩散系数的测定：食品的干燥速率通常情况下随着干燥时间的增加而减少，这是由于水分损失和扩散驱动下的蒸汽迁移造成的。由于干燥是一个涉及质量和热量同时传递的复杂过程，因此不同的机理不能分离开来论述。所以，有效扩散系数可以用于描述水分迁移的所有机理。有效扩散系数是通过 Fick 扩散第二定律来计算的，方程如下：

$$MR = \frac{M - M_e}{M_0 - M_e} = \frac{8}{\pi^2} \sum_{n=0}^{\infty} \frac{1}{(2n+1)^2} \exp\left(-\frac{(2n-1)^2 \pi D_{\text{eff}} t}{4L^2}\right) \tag{3-9}$$

式中　MR——含水率；

M_0——初始水分含量，g/g 干物质；

M_e——平衡水分含量，g/g 干物质；

D_{eff}——有效水分扩散系数，m²/s；

t——干燥时间，s；

L——样品厚度的一半，m；

n——正整数。

样品厚度等于径向方向从莲子中心到表面的距离。方程式(3-9)是基于在恒定温度下，利用水分持续扩散来预测变量之间的线性关系的假设。因此，如果样品厚度远小于其长度的话，方程式(3-9)可以进行对数转化，简化为方程式(3-10)，直线的斜率即为 D_{eff}。

$$\ln\text{MR}=\ln\frac{8}{\pi^2}-\frac{\pi^2 D_{\text{eff}} t}{4L^2} \tag{3-10}$$

3.2.1.3.3　干燥过程数学模型

在参阅国内外相关文献的基础上，采用 4 种经验或半经验的数学模型对莲子微波真空干燥的试验数据进行模拟，如表 3.1 所示。

表 3.1　选择的干燥数学模型

序号	模型名称	模型方程式	参考文献
1	Logarithmic	$\text{MR}=a\exp(-kt)+c$	Yagcioglu 等
2	Wang and Singh	$\text{MR}=1+at+bt^2$	Wang 等
3	Page	$\text{MR}=\exp(-kt^n)$	Page
4	Tian 模型	$\text{MR}=\exp[-(t/b)^a]+c\exp(-kt)$	由笔者拟合构建

模型的精确度分析采用回归系数 R^2、均方根误差 RMSE、残差平方和 SSE、卡方 χ^2、赤池信息准则 AIC、贝叶斯信息准则 BIC 指标。R^2 越接近 1，RMSE、SSE、χ^2 越接近 0，说明模型拟合度越高，以此选出最合适的干燥模型。

$$R^2=\frac{\displaystyle\sum_{i=1}^{N}(\text{MR}_i-\text{MR}_{\text{pred},i})\times\sum_{i=1}^{N}(\text{MR}_i-\text{MR}_{\text{exp},i})}{\sqrt{\displaystyle\sum_{i=1}^{N}(\text{MR}_i-\text{MR}_{\text{pred},i})^2\times\sum_{i=1}^{N}(\text{MR}_i-\text{MR}_{\text{exp},i})^2}} \tag{3-11}$$

$$\text{RMSE}=\sqrt{\frac{1}{N}\sum_{i=1}^{N}(\text{MR}_{\text{exp},i}-\text{MR}_{\text{pred},i})^2} \tag{3-12}$$

$$\text{SSE}=\sum_{i=1}^{N}(\text{MR}_{\text{pred},i}-\text{MR}_{\text{exp},i})^2 \tag{3-13}$$

$$\chi^2=\frac{\displaystyle\sum_{i=1}^{N}(\text{MR}_{\text{exp},i}-\text{MR}_{\text{pred},i})^2}{N-n} \tag{3-14}$$

$$AIC = N \ln \frac{SSE}{N} + 2(n+1) + \frac{2(n+1)(n+2)}{N-n-2} \quad (3-15)$$

$$BIC = N \ln \frac{SSE}{N} + (n+1) \ln n \quad (3-16)$$

式中　$MR_{exp,i}$——试验得到的水分比；

$MR_{pred,i}$——利用模型预测的水分比；

N——观测样本组数；

n——模型中参数个数。

3.2.1.3.4　差示扫描量热方法

利用差示扫描量热仪测定莲子的热力性质，通过蒸馈水（熔点 0℃，熔变 $\Delta H_m = 333.88J/g$）和铟（熔点 156.60℃，熔变 $\Delta H_m = 28.45J/g$）校正仪器的熔融熔 ΔH_m，N_2 作为净化气体可以避免扫描过程中样品周围的水冷凝。在样品（3.0mg）中加入 $10\mu L$ 蒸馏水后，密封于铝盘中待测，以空铝盘作为对照组，每次测量重复三次。密封后的铝盘在室温下平衡 1h，从 20℃ 开始以 10℃/min 速度加热到 200℃。利用 DSC 自带 TA 分析软件得到玻璃化转变温度的初始点（T_{g0}）、中间点（T_g）、终点（T_{ge}）和糊化温度的初始点（T_0）、中间点（T_p）、终点（T_c）。

Gordon-Taylor 模型是一种用于预测 T_g 作为水分含量函数的工具，这是由于其水分的塑化作用。Gordon-Taylor 经验方程如下：

$$T_g = \frac{X_s(T_{gs}) + kX_w(T_{gw})}{X_s + kX_w} \quad (3-17)$$

式中　X_s——固体基质的质量分数，g/g；

X_w——水的质量分数，g/g；

T_g——样品的玻璃化转变温度，℃；

T_{gs}——固体基质的玻璃化转变温度，℃；

T_{gw}——水分的玻璃化转变温度，℃；

k——Gordon-Taylor 模型的参数。

T_{gw} 是 -135℃，k 和 T_{gs} 是利用 Matlab 的非线性回归分析进行估计的。

3.2.1.3.5　自旋-自旋弛豫特性分析

采用 23.32MHz 的低场核磁共振测定莲子水分迁移状态。每颗莲子待测样品干燥不同时间后，放于永久磁场中心位置处的射频线圈的中心，并采用 1H NMR 分光仪中的 CPMG（Carr-Purcell-Meiboom-Gill）脉冲序列测定样品的自旋-自旋弛豫时间（T_2），再通过信息采集器获得样品弛豫时间衰减曲线，然后代入弛豫模型中进行拟合，最后通过反演计算得到样品的弛豫信息。弛豫模型的计算公式如下：

$$M(t) = \sum_{i=1}^{n} A_i e^{-t/T_{2i}} \tag{3-18}$$

式中　$M(t)$——衰减到时间 t 时的振幅值；

A_i——平衡时的振幅值；

t——衰减时间；

T_{2i}——第 i 个组分的 T_2。

CMPG 指数衰减曲线使用综合迭代算法，通过仪器自带的 MultiExpInv Analysis 软件进行反演，得到离散型与连续型相结合的 T_2 谱。其中，GPMG 参数如下：SF(MHz)=23.320，P90(μs)=15，P180(μs)=27，TD=125494，SW(kHz)=100，TR(ms)=1000，RG1=20，RG2=3，NS=32，NECH=5000，TE(ms)=0.25。

3.2.1.3.6　色泽测量方法

采用 WSC-S 型色差仪测定干制莲子表面同一部位的色泽，测定中以标准白板为对照，每次测量重复 3 次，其中 L^* 值表示亮度，L^* 值越大，亮度越大；a^* 值为红度值，表示有色物质的红绿偏向，正值越大，偏向红色的程度越大，负值越大，偏向绿色的程度越大；b^* 值为黄度值，表示有色物质的黄蓝偏向，正值越大，偏向黄色的程度越大，负值越大，偏向蓝色的程度越大。

ΔE 按照方程式(3-19)来计算。

$$\Delta E = \sqrt{(L_0 - L^*)^2 + (a_0 - a^*)^2 + (b_0 - b^*)^2} \tag{3-19}$$

式中，下角"0"为新鲜的样品，作为对照组；ΔE 越大表明与参考颜色差距越大。

新的动力学模型如方程式(3-20)所示。

$$\frac{Y - Y_e}{Y_0 - Y_e} = A\exp(kt) + ct + d \tag{3-20}$$

式中　Y——颜色参数（L^*、a^*、b^*、ΔE）；

Y_0——对应的初始值；

Y_e——对应的平衡值；

A——跟生物质传播的形状有关；

k——每个色泽参数的反应速率常数；

c——跟参数的相对量有关；

d——色泽动力学常数，无量纲；

t——干燥时间，min。

3.2.1.3.7 多酚氧化酶测量方法

粗酶液的制备：取一定量的样品放于研钵中，加入 5.0g 石英砂和一定量磷酸缓冲液（pH＝7.8），然后在冰浴中研磨，匀浆；再经过 3000r/min 冷冻离心 30min 后取上清液，加入缓冲液定容至 30mL，置于低温贮存，备用。

PPO 活性的测定：在比色杯中加入 2.7mL 0.05mol/L pH7.8 磷酸缓冲液、0.1mL 0.5mol/L 邻苯二酚和 0.2mL 粗酶液，在分光光度计 398nm 波长处测定其吸光度（A 值），每隔 30s 测定一次，连续测定 5min。以 A 值为纵坐标、时间为横坐标作图，取反应最初直线部分，计算每分钟吸光度的变化值 ΔA，以每分钟吸光度改变 0.001 所需酶量记为 1 个活力单位（U）。PPO 活性计算方程如下：

$$\text{PPO 活性}(\text{U/g}) = \frac{\Delta A V_1 V_2}{0.001 t m_x V_0^2} \qquad (3-21)$$

式中 ΔA——反应时间内吸光度的变化值；

V_0——反应体系中的酶液体积，mL；

V_1——定容后的粗酶液体积，mL；

V_2——比色杯中反应体系的体积，mL；

m_x——新鲜样品的质量，g；

t——反应时间，min。

3.2.1.3.8 游离氨基酸含量测量方法

采用 L-8900 型全自动氨基酸分析仪测定干制莲子中游离氨基酸的含量。取磨碎的样品 0.25g，加入 10mL 75%乙醇，在 60℃下水浴 30min；取 1mL 水解液在 10000r/min 条件下离心 15min，取上清液在 50℃下吹氮进行蒸发，残留物溶解在 4mL 去离子水中，加入 8mL 的柠檬酸锂溶液稀释调节 pH 值至 2～3 之间；

加入 3mL 3%三氯乙酸溶液移除蛋白质，在 4℃静置 1h 后在 10000r/min 条件下离心；取上清液，0.22μm 微孔滤膜过滤后上机检测。将 20μL 滤液注射入全自动氨基酸分析仪进行分析，对混合标准氨基酸和牛磺酸标准样品进行分析，通过比较样本和标准品的峰型分布，确定并量化了样品中的氨基酸含量。结果换算为 100g 干物质中的氨基酸含量（100mg/g 干物质）来表示。

3.2.1.4　数据统计分析

所有试验分析重复 3 次，结果取平均值；采用 SPSS（version 19.0，SPSS Inc.，Chicago，IL，USA）软件 Duncan 法检验差异显著性。采用 Origin pro 8.5 分析软件对干燥试验数据进行拟合，用 R^2 等来评估模型与试验数据的拟合程度。

3.2.2　结果与分析

3.2.2.1　干燥特性和有效水分扩散系数（D_{eff}）

如图 3.12（a）所示，随干燥时间的延长，莲子水分比呈指数递减趋势，并呈现一条平滑的下降曲线。微波功率密度对莲子干燥时间的影响显著（$p < 0.05$，p 为显著性差异），随微波功率密度的增大，莲子的干燥曲线变陡，说明莲子干燥至平衡水分比所需的时间变短，当微波功率密度从 10W/g 增至

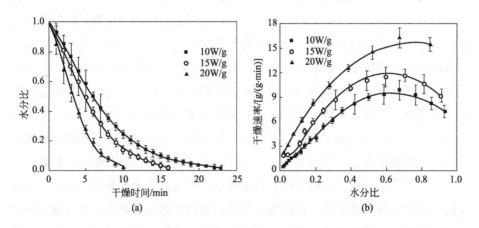

图 3.12　微波功率密度对真空微波干燥莲子在 20kPa 绝对压力下水分比、干燥速率的影响

20W/g时，莲子水分比降至平衡水分比所需的时间从 23min 缩减至 10min，缩短干燥时间达 57%。

如图 3.12 (b) 所示，微波功率密度对莲子干燥速率的影响显著（$p <$ 0.05），相同水分比时，微波功率密度越大，莲子干燥速率越大。这是因为较高的微波功率密度使单位质量和时间内的莲子吸收微波能增多，提高了微波能转化为热能的效率，加大了物料内部与表面的蒸气压差，致使水分子能更快地达到其沸点。

此外，如表 3.2 所示，较高的微波功率密度可以增加 D_{eff} 值。这是由于提高微波功率密度可以增大热能，进而增加水分子的动能，水分扩散随之增加。例如，相比于 10W/g，在 15W/g 和 20W/g 的 D_{eff} 值分别增加了 113% 和 127%。换句话说，增加的微波功率密度导致样品的蒸气压增加，使样品内部的水分可以快速迁移到表面，因此增加 D_{eff} 值。

表 3.2　不同微波功率密度下真空微波干燥莲子的有效水分扩散系数值

微波功率密度/(W/g)	$D_{eff}/\times 10^{-5}(m^2/s)$	R^2
10	0.481 ± 0.03^c	0.999
15	1.026 ± 0.07^b	0.999
20	1.094 ± 0.12^a	0.999

注：a、b、c 表示不同的显著性差异。

同时，莲子干燥速率随物料水分比的减小呈现出下降的趋势，整个干燥过程以降速干燥阶段为主，无恒速干燥阶段，这可能是因为微波辐射致使物料内部水分子吸收能量向外迁移，该传质几乎是瞬间完成的。比较独特的是，随着微波功率密度的减小，在水分比为 0.2 左右时，有越来越明显的拐点，这可能是因为相同水分比时，随着微波功率密度的增大，干燥速率增大，延迟进入较慢的干燥降速阶段，20W/g 的第二干燥降速阶段在图 3.12 中未画出。因而整个降速干燥过程分为两个阶段，即降速较快的第一干燥降速阶段和降速较慢的第二干燥降速阶段。这可能是由于干燥初期，莲子表面水分暴露在干燥介质中，因迁移距离短而扩散阻力小，快速蒸发；然而到了干燥后期，莲子内部深层的水分因迁移路径延长，扩散阻力增加，使得扩散速率减少。也可能是因为干燥初期当大量偶极分子出现时，吸收的微波能较强，但是由于来自热量和质量传质的内部阻力，干燥速率随后下降。

3.2.2.2 真空微波干燥莲子的数学模型

3.2.2.2.1 真空微波干燥动力学模型的选择

分别对表 3.3 的 4 种干燥模型进行拟合计算，并通过比较拟合的评价指标来确定最优的干燥模型。对各模型的拟合评价指标进行综合分析可得，Tian 模型的拟合效果最佳，前人普遍报道的利用 Page 模型拟合真空微波干燥曲线的方法在本文中并不适用。对于不同微波功率密度来说，虽然 Page 模型的相关系数 R^2 接近 0.9999，但是其均方根误差（RMSE）、残差平方和（SSE）和卡方（χ^2）最高，分别为 6.6403～6.7903、507.1837～1058.2555 和 48.1025～56.3537。然而，利用 Tian 模型拟合时，其相关系数 R^2 可高达 1.0000，其均方根误差（RMSE）、残差平方和（SSE）和卡方（χ^2）较低，分别为 0.0016～0.0020、0.0000～0.0001 和 0.0000。因此，Tian 模型是一个能较全面且准确地描述莲子真空微波干燥过程的模型。

表 3.3 不同干燥条件时各干燥模型的评价指标值

干燥模型	评价指标	−80kPa		
		10W/g	15W/g	20W/g
Logarithmic	a	−566.0216	0.9952	0.9991
	k	$6.47×10^{-5}$	−0.1710	−0.2708
	c	566.7888	0.0027	0.0011
	R^2	0.8919	1.0000	0.9999
	RMSE	0.9769	6.7783	6.8497
	SSE	22.9025	781.0646	516.1047
	χ^2	1.0906	55.7903	64.5131
	AIC	8.98	76.40	57.00
	BIC	3.27	69.46	46.73
Wang and Singh	a	−0.0926	−0.1350	−0.2137
	b	0.0023	0.0050	0.0126
	R^2	0.9900	0.9881	0.9892
	RMSE	0.0266	0.0287	0.0289
	SSE	0.0169	0.0140	0.0092
	χ^2	0.0008	0.2096	0.0010
	AIC	166.88	112.91	68.51
	BIC	172.06	118.68	75.86

干燥模型	评价指标	−80kPa		
		10W/g	15W/g	20W/g
Page	k	−0.1161	−0.1730	−0.2706
	n	1.0069	0.9925	0.9984
	R^2	0.9999	0.9999	0.9999
	RMSE	6.6403	6.6839	6.7903
	SSE	1058.2555	759.4726	507.1837
	χ^2	48.1025	50.6315	56.3537
	AIC	98.07	72.44	51.57
	BIC	92.95	66.67	44.22
Tian	a	1.0075	0.9924	0.9994
	b	8.4666	5.8551	3.6991
	c	0.0006	0.0003	0.0001
	k	0.0213	1.0517	0.1778
	R^2	0.9999	1.0000	1.0000
	RMSE	0.0020	0.0016	0.0019
	SSE	0.0001	0.0000	0.0000
	χ^2	0.0000	0.0000	0.0000
	AIC	285.66	203.56	115.89
	BIC	292.07	212.09	130.96

注：AIC，赤池信息量准则；BIC，贝叶斯信息准则；R^2，回归系数；RMSE，均方根误差；SSE，残差平方和；χ^2，卡方。

3.2.2.2.2　真空微波干燥动力学模型的验证

图 3.13 为微波功率密度分别为 10W/g、15W/g 和 20W/g 条件下根据试验水分比和预测水分比绘制的验证曲线，所得数据主要分布在图中斜率为 45°的直线上，经方差分析，$p=0.994\sim1.000>0.05$，表明试验水分比与预测水分比间无显著差异。因此，Tian 模型能较准确地预测莲子在真空微波干燥过程中的水分变化规律，并可用于描述莲子的真空微波干燥过程。

3.2.2.3　微波真空干燥莲子中的 DSC 和 NMR

3.2.2.3.1　利用 DSC 测得的 T_g 和 T_p

在高水分含量（$X_{ws}\geqslant1.5g/g$ 干物质）的样品里，T_g 值不受水分含量的影响，其值保持不变或者稍微减少，然而在低水分含量的样品里，随着干燥过

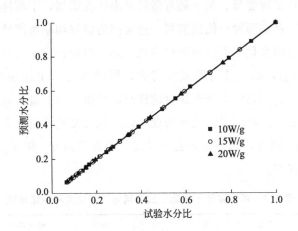

图 3.13　相同条件下实测值和预测值的比较

程中不易流动水含量的减少，T_g 值明显增加。这是因为在高水分含量的样品里，样品的细胞代表一个低黏度的稀溶液系统。在这个系统里，细胞溶液黏度的影响是十分小的。但是在低水分含量的样品里，随着水分含量降低，水对基质无定型成分的增塑作用导致 T_g 的增大。此外，Gordon-Taylor 模型可用于预测 T_g 值，它是水分含量的函数。本文中，Gordon-Taylor 模型很好地拟合了低固体质量分数（低于 0.84g/g 干物质）的试验数据，其参数如下：$T_{gs} = 65.55℃$ 和 $k = 0.06$（$R^2 = 0.993$）。这是因为在高固体质量分数的样品中，糖成分对 k 值影响不显著，然而在低固体质量分数的样品中，糖成分对 k 值影响显著。如表 3.4 所示，随着微波功率密度的增加，T_g 值变化更显著。随着水分含量减少到最终水分含量，大约 0.15g/g 干物质，经历不同微波功率密度 10W/g、15W/g 和 20W/g 的 T_g 值分别增加到 68.75℃、69.82℃ 和 70.59℃。这是因为根据不同的微波功率密度，细胞质体积水的相对面积（A_{22}）减少程度不同。随着微波功率密度的增加，ΔC_p 值由于交联而减少，表 3.4 中某些部分的 ΔC_p 值检测不到，这可能是因为交联减少了热激活的链的数量和链的流动性，从而提高了玻璃化的转变温度并减少了特定热容量 ΔC_p 值的变化。

　　真空微波干燥过程导致 T_0、T_p 和 T_c 稍微升高。随着干燥时间的增加，莲子的 T_0、T_p 和 T_c 向更高的温度转移。随着微波功率密度的增加，糊化温度的变化程度也随之增加。同时，如表 3.4 所示，经微波辐射处理的样品的 ΔH 比对应的新鲜样品的值高 68.41%～88.49%。高糊化焓表明这些淀粉颗粒的糊化需要更多的能量。关于随着微波功率密度增加，干制样品的糊化焓也会增加的原因，存在两种可能的解释，这是因为微波功率密度增加引起的退火效应和淀粉颗粒的水化作用会导致样品被加热得更快。这不仅与上面提到的细胞质体积水（T_{22}）的弛豫时间减少有关，同时也与自由水相对面积（A_{23}）的增加有关。因此，真空微波干燥时的样品需要更多的能量来进行糊化。

以上结果表明，不同微波功率密度可以不同程度地升高真空微波干制莲子 T_g 和 T_p 的值。因此，为了改善真空微波干燥莲子的 T_g 和 T_p，应该选择适当的微波功率密度。

表 3.4　真空微波干燥莲子的玻璃化转变温度和糊化特性

干燥时间 /min	玻璃化转变温度				糊化特性			
	$T_{g0}/℃$	$T_g/℃$	$T_{ge}/℃$	$\Delta C_p/(J/g)$	$T_0/℃$	$T_p/℃$	$T_c/℃$	$\Delta H/(J/g)$
对照组	$-13.32\pm$ 0.7	$-8.49\pm$ 1.5	$-3.77\pm$ 0.3		$73.73\pm$ 2.2	$77.65\pm$ 2.3	$81.86\pm$ 2.8	$1.798\pm$ 0.071
10W/g								
4	$-14.58\pm$ 0.2	$-9.52\pm$ 0.1	$-4.18\pm$ 0.9		$75.77\pm$ 1.2	$79.70\pm$ 1.8	$83.90\pm$ 0.5	$1.851\pm$ 0.042
8	$19.35\pm$ 1.4	$24.34\pm$ 1.8	$29.32\pm$ 1.6		$76.20\pm$ 1.7	$80.18\pm$ 1.3	$84.31\pm$ 1.4	$2.230\pm$ 0.013
12	$40.83\pm$ 0.3	$45.29\pm$ 0.9	$50.53\pm$ 0.1		$76.58\pm$ 0.3	$80.51\pm$ 0.5	$84.70\pm$ 1.6	$2.537\pm$ 0.024
16	$54.25\pm$ 1.5	$58.74\pm$ 1.2	$64.96\pm$ 0.8		$76.91\pm$ 0.4	$80.83\pm$ 1.1	$85.03\pm$ 0.7	$2.784\pm$ 0.031
20	$62.44\pm$ 0.1	$67.23\pm$ 0.3	$72.31\pm$ 1.2		$77.18\pm$ 1.5	$81.09\pm$ 0.6	$85.39\pm$ 0.8	$2.959\pm$ 0.042
23	$68.75\pm$ 0.2	$73.94\pm$ 0.8	$78.47\pm$ 1.5	$0.082\pm$ 0.005	$77.43\pm$ 0.9	$81.31\pm$ 1.2	$85.56\pm$ 1.6	$3.028\pm$ 0.018
15W/g								
3	$-14.44\pm$ 0.6	$-9.39\pm$ 0.3	$-4.07\pm$ 0.5		$75.83\pm$ 2.1	$79.89\pm$ 0.3	$83.99\pm$ 1.5	$1.842\pm$ 0.074
6	$21.13\pm$ 2.1	$26.15\pm$ 1.6	$31.95\pm$ 0.3		$76.29\pm$ 0.6	$80.31\pm$ 1.2	$84.70\pm$ 0.7	$2.279\pm$ 0.039
9	$40.95\pm$ 0.8	$45.38\pm$ 0.6	$50.69\pm$ 1.2		$76.70\pm$ 1.8	$80.72\pm$ 0.5	$85.31\pm$ 0.6	$2.645\pm$ 0.045
12	$54.43\pm$ 2.1	$59.85\pm$ 0.3	$64.06\pm$ 1.3		$77.05\pm$ 0.8	$81.08\pm$ 1.1	$85.88\pm$ 0.8	$2.942\pm$ 0.032
15	$62.58\pm$ 0.9	$68.42\pm$ 1.4	$72.66\pm$ 0.2		$77.34\pm$ 0.7	$81.37\pm$ 0.8	$86.28\pm$ 1.3	$3.167\pm$ 0.016
16	$69.82\pm$ 0.2	$74.29\pm$ 1.2	$79.93\pm$ 2.8	$0.046\pm$ 0.003	$77.61\pm$ 1.4	$81.63\pm$ 0.4	$86.64\pm$ 1.9	$3.286\pm$ 0.025

续表

干燥时间 /min	玻璃化转变温度				糊化特性			
	T_{g0}/℃	T_g/℃	T_{ge}/℃	ΔC_p/(J/g)	T_0/℃	T_p/℃	T_c/℃	ΔH/(J/g)
20W/g								
2	−14.07± 0.7	−9.02± 0.4	−3.48± 0.7		75.98± 0.2	80.13± 0.6	84.08± 0.1	1.807± 0.055
4	22.59± 1.8	27.48± 1.4	32.98± 0.5		76.49± 0.5	80.64± 1.2	85.27± 1.6	2.289± 0.019
6	41.34± 0.3	46.22± 1.2	51.93± 0.9		76.95± 1.4	81.10± 0.8	86.23± 0.3	2.767± 0.023
8	54.67± 2.3	60.32± 1.5	65.33± 2.1		77.36± 0.2	81.51± 0.7	87.04± 0.6	3.114± 0.014
10	70.59± 0.8	75.73± 1.6	80.46± 1.5	0.018± 0.001	77.70± 0.4	81.85± 0.6	87.68± 0.7	3.389± 0.018

3.2.2.3.2　采用 NMR 测得的水分状态

采用 TD-NMR 光谱测定法，通过对 T_2 加权弛豫曲线的记录，获得不同微波功率密度下的莲子细胞结构内水分分布的详细信息。事实上，除了水分，其他物质也会影响 T_2 值。但是，因为大分子物质，例如淀粉，本身的氢弛豫得太快，CPMG 采集到的这部分信号是很弱的，可以忽略，所以认为采集到的均为弛豫较慢的水的信号。在真空微波干燥中产生的少量低分子量糖，它们的信号可能影响束缚水的弛豫时间（T_{21}），也稍微影响 T_{22} 值。如图 3.14 所示，中等含量的束缚水（T_{21}）也被认为是细胞壁水，其弛豫时间最短（0.01ms＜T_{21}＜10ms）。此外，含量最多的胞质体积水（T_{22}）也被认为是细胞质和细胞外的水，其弛豫时间为 10ms＜T_{22}＜70ms；少量的自由水（T_{23}）也被认为液泡水，其弛豫时间最长（T_{23}＞70ms）。T_{22} 和 T_{23} 是微波真空干燥莲子的主要组成部分，占据莲子中 97%～99% 的水分，T_{21} 可以忽略不计。此现象在水果和蔬菜中经常被观察到，也和胡萝卜的结果一致。因此，接下去只讨论这两类主要的水分的情况。

如图 3.14 所示，随着干燥时间的增加，所有经历真空微波干燥的样品的结合力增大，它们的峰值位置向信号强度-T_2 曲线的左边移动。这表明，任何强度的真空微波干燥（10W/g、15W/g 或者 20W/g）都会随着干燥时间的增加，导致水的流动性减少。A_{22} 值代表了细胞质体积水的峰面积，在以上三种微波功率密度下最初都会增加。这增长可能是因为碳水化合物浓度（主要是

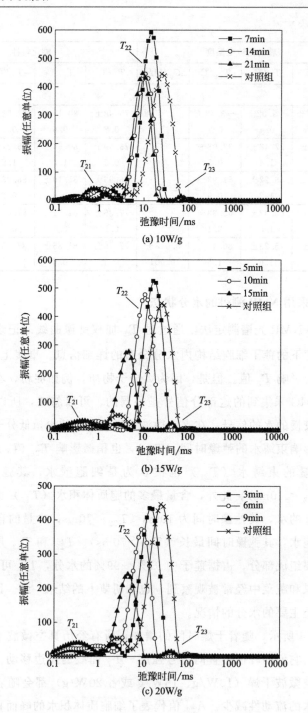

图 3.14　在真空微波干燥过程中运用各种微波功率密度处理的样品的 T_2 弛豫时间分布

葡萄糖、果糖和蔗糖）的增加以及细胞质中营养成分的降解，导致自由水向细胞质体积水转变。然后，随着干燥时间的增加，A_{22} 持续不断地减少，这是因为细胞质体积水向跟细胞壁中多糖结合更紧密的束缚水迁移。这也是束缚水的峰面积（A_{21}）增加的原因。

随着微波功率密度的增加，T_{21} 和 T_{22} 减少，它们的峰值位置向信号强度-T_2 曲线的左边移动，在反应系统中的变性可能是 T_{21} 和 T_{22} 减少的原因。此外，结果表明随着微波功率密度从 $10W/g$ 增加到 $20W/g$，A_{21} 随之增加，A_{22} 随之减少。A_{21} 和 A_{22} 的变化在更高的微波功率密度时更明显；这种现象可能是由于微波过度加热造成的，从而导致了细胞膜的破裂。

3.2.2.3.3　微波干燥莲子的 T_g、T_p 和水分状态间的关系

如表 3.5 所示，T_g 和莲子中的 $T_{21}(p<0.05)$、$T_{22}(p<0.01)$ 以及 $A_{21}(p<0.05)$、$A_{22}(p<0.01)$、$A_0(p<0.05)$ 呈负相关。此外，通过本文中获得的一个回归方程 $[T_g=3968.293-16.754A_{22}(R^2=0.94；p<0.01)]$ 和从路径分析中得到的方程 $[T_g=-0.968A_{22}(R^2=0.94；p<0.01)]$ 表明，T_g 与 A_{22} 有线性关系，而 T_g 的变化受到 A_{22} 的影响。与细胞质水的影响相比，束缚水的影响是不明显的（$p<0.05$）。此外，相比于弛豫时间和 T_g 间的相关性，相对面积和 T_g 间的相关性更高。这可能是因为相对面积直接反映不同状态下的水的相对含量。但是，观察到的 T_2 同时与水和组分的流动性有关。当它们的质子在水合过程中交换时，成分的流动性如何影响 T_2 的机理，仍需进一步研究。然而，A_{22} 和 T_g 之间存在显著的负相关关系；T_g 增加可能是因为水分从细胞质体积水向束缚水的转变，也可能是水分与羟基质子有快速的质子化学交换效应，引起位于坚硬的细胞壁中多糖（例如果胶）的变化。果胶在分子结构中具有三种亲水基团，可以降低周围水的动态流动性，增加局部黏性。这与 A_{22} 减少和 A_{21} 增加的发现一致。

表 3.5　真空微波干燥莲子的 T_g、T_p 和水分状态间的相关系数

系数	T_{21}	A_{21}	T_{22}	A_{22}	A_0
T_g	-0.952^*	-0.489^*	-0.846^{**}	-0.968^{**}	-0.970^*
T_p	-0.999^{**}	-0.674	-0.972^{**}	-0.987^*	-0.987^*

注：$**$ 表示 $p<0.01$，$*$ 表示 $p<0.05$。

如表 3.5 所示，T_p 和莲子中的 T_{21}、$T_{22}(p<0.01)$，A_{21}、$A_{22}(p<0.05)$ 和 $A_0(p<0.05)$ 呈负相关。这表明 T_p 可能受 T_{21} 和 T_{22} 的影响，因为当 T_{21} 和 T_{22}

减少时，结合力会增加，这导致了需要更高的温度和更多的能量来进行糊化。

3.2.2.4　多酚氧化酶（PPO）活性和色泽的变化

如图 3.15(a) 所示，经历 10W/g、15W/g 和 20W/g 的 PPO 活性分别在真空微波干燥 4min、3min 和 2min 后不再存在，这是因为 PPO 非常敏感。在

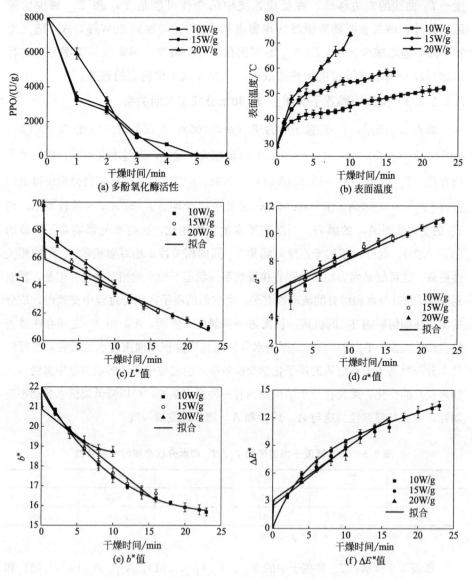

图 3.15　在 20kPa 绝对压力下，不同微波功率密度对真空微波干燥莲子的影响

莲子中，PPO 的最佳反应温度是 45～50℃，然而如图 3.15(b) 所示，在真空微波干燥过程中，温度在几分钟内就超过了它的最佳反应温度。在真空微波干燥初期，细胞中的氧会与 PPO 发生反应，直到没有氧气和 PPO 剩余。因此，在随后的真空微波干燥中，非酶促褐变被认为是导致干莲颜色变化的主要原因。由于干燥室里没有氧气，因此，在真空微波干燥中发生的较高程度的非酶促褐变可能是由 Maillard 反应引起的。如图 3.15(c)～(f) 所示，颜色变化速率大致分为两个时期，由酶促褐变引起的快速变化时期和由非酶促褐变引起的缓慢变化时期；区别颜色速率变化的两个阶段的干燥时间节点与将干燥曲线划分为第一次降速阶段和第二次降速阶段的时间节点是一样的。

如图 3.15(c)～(e) 所示，鲜莲的色泽参数值为 $L^* = 69.76 \pm 0.16$，$a^* = 3.76 \pm 0.24$ 以及 $b^* = 21.89 \pm 0.32$。在微波功率密度分别为 10W/g、15W/g 和 20W/g 时，干燥样品的亮度变化可以作为褐变的测量值，从 69.76 降至 60.90、62.17 和 64.13。此外，随着干燥时间的增加，a^* 增加 124.20%～191.75%，b^* 减少 14.40%～28.37%；b^* 的减少可能是由非酶促 Maillard 褐变以及棕色色素的形成引起的。

3.2.2.5　游离氨基酸

氨基酸作为口味的主要贡献者，在干燥的过程中依据不同的干燥条件经常会丢失、改变甚至被破坏。如表 3.6 所示，在莲子样品中总共发现了 17 种氨基酸。其中，鲜莲样品中的精氨酸、天冬氨酸和丝氨酸的平均值均大于 80mg/100g 干物质，它们是莲子样品中最丰富的游离氨基酸；相比于新鲜样品，真空微波干燥显著提高总游离氨基酸含量（$p < 0.05$），在 20W/g 的处理中总游离氨基酸含量达到了最大值，为 540.19mg/100g 干物质，在干燥过程中高温可能会促进氨基酸的水解；总必需氨基酸和非必需氨基酸含量也在干燥后增加。

但是，就每一种氨基酸而言，在真空微波干燥过程中，鲜莲中的大部分非必需氨基酸含量增加，而必需氨基酸含量减少。此外，较高微波功率密度干制出的样品中所含的总氨基酸含量比在较低的微波功率密度干制出的样品含量高，这可能与 20W/g 的干燥时间短有关。蛋氨酸是莲子中主要的限制性氨基酸，在真空微波干燥过程中，蛋氨酸含量显示出下降的趋势；这是因为它在加

表 3.6　不同真空微波干燥条件下干制莲子中游离氨基酸的含量

氨基酸种类	含量/(mg/100g 干物质)			
	鲜莲	真空微波干燥条件		
		10W/g	15W/g	20W/g
必需氨基酸				
精氨酸	86.52±1.08	64.35±1.15	66.24±1.39	67.06±1.18
组氨酸	28.29±0.51	21.74±0.39	23.91±0.70	21.45±0.73
异亮氨酸	13.89±0.34	36.53±0.26	39.29±1.25	41.85±0.67
亮氨酸	26.99±0.28	28.57±0.88	30.36±0.49	31.57±0.47
赖氨酸	28.18±0.50	26.75±0.29	26.89±0.38	26.93±0.13
蛋氨酸	1.04±0.09	0.78±0.02	0.83±0.04	0.89±0.04
苯丙氨酸	17.32±0.30	16.74±0.18	16.63±0.28	14.87±0.25
苏氨酸	25.21±0.56	21.86±0.67	22.71±0.70	24.28±0.56
缬氨酸	21.35±0.47	32.61±0.44	33.36±0.71	35.35±0.42
总必需氨基酸	248.79±5.28	249.93±1.14	260.22±4.56	266.25±3.39
非必需氨基酸				
丙氨酸	8.93±0.92	9.43±0.31	10.08±0.44	13.50±0.09
天冬氨酸	83.18±6.40	101.75±4.34	104.27±2.82	112.73±2.25
半胱氨酸	1.07±0.08	1.74±0.03	1.23±0.11	1.11±0.05
谷氨酸	8.10±0.65	10.58±0.38	11.71±0.18	12.59±0.30
甘氨酸	23.60±1.30	9.23±0.51	10.83±0.83	12.83±0.48
脯氨酸	14.34±0.26	13.84±0.16	12.95±0.48	13.69±0.37
丝氨酸	80.05±4.83	81.13±2.24	84.92±1.17	86.46±1.43
酪氨酸	22.75±0.32	22.52±0.23	21.44±0.48	21.03±0.25
总非必需氨基酸	242.02±5.70	250.22±4.76	257.43±6.91	273.94±5.32
风味特性				
谷氨酸-类似氨基酸	91.28±4.02	112.33±4.22	115.98±2.70	125.32±3.57
甜味氨基酸	152.13±3.35	99.79±3.34	105.83±2.14	112.79±3.55
苦味氨基酸	195.40±3.12	201.32±4.58	210.62±2.27	213.04±4.12
无味氨基酸	50.93±1.84	49.27±1.89	48.33±2.80	47.96±2.43
总氨基酸	490.81±9.41	500.15±9.46	517.65±13.21	540.19±11.77

　　注：谷氨酸-类似氨基酸包括天冬氨酸、谷氨酸；甜味氨基酸包括丙氨酸、甘氨酸、丝氨酸；苦味氨基酸包括精氨酸、组氨酸、异亮氨酸、亮氨酸、蛋氨酸、苯丙氨酸、缬氨酸；无味氨基酸包括赖氨酸、酪氨酸。

热过程中不稳定，并且作为挥发性化合物它也会蒸发和降解。但是，通过真空微波干燥可以增加蛋氨酸含量，因为经过真空微波干燥处理的样品可能比未处理的样品产生更多的 C-末端疏水性氨基酸的缩氨酸。不同微波功率密度对蛋氨酸含量影响不显著。此外，使用较高的微波功率密度进行干燥时，由于干燥时间减少，Maillard 反应程度减少，这与较高的微波功率密度下 L^* 较高的结果一致。Maillard 反应涉及谷氨酸和天冬氨酸，微波功率密度越大，谷氨酸和天冬氨酸的损失就越小，剩余就越多。但是，还需要进一步研究来确定为什么干莲中的谷氨酸和天冬氨酸的含量比鲜莲中的含量高，以及它们是如何在真空微波干燥中进行生物合成的。总的来说，真空微波干燥可以提高莲子中游离氨基酸的含量。

游离氨基酸也可以根据它们的风味特征分为几类。天冬氨酸和谷氨酸都是莲子中谷氨酸-类似的成分，并作为两种主要的风味氨基酸。如表 3.6 所示，干制品中这两种氨基酸的组合值在 112.33～125.32mg/100g 干物质范围内波动，比苦味成分的值低（201.32～213.04mg/100g 干物质），但是高于甜味成分（99.79～112.79mg/100g 干物质）。然而，真空微波干燥对样品中无风味的氨基酸成分的含量影响不显著（$p > 0.05$）。我们的研究结果表明，使用真空微波干燥可以产生更多的风味氨基酸。

3.2.3　小结

① 真空微波干燥能够有效地加强莲子的传质动力学特性，提高莲子的干燥速率。随着微波功率密度的增加，干燥速率提高、干燥时间缩短。莲子的真空微波干燥未见恒速干燥阶段，整个过程都处在两个降速干燥阶段，刚开始水分移除速率较快，在干燥后期水分移除速率较慢。水分扩散系数也随着微波功率密度的增加而增加。

② 结合低频核磁共振技术和差示扫描量热仪，研究表明，弛豫时间和弛豫面积与玻璃化转变温度和糊化温度成反比。其中，真空微波干燥显著提高玻璃化转变温度，这可能跟不易流动水的弛豫面积减少有关。糊化温度主要与束缚水和不易流动水的弛豫时间成反比。

③ 本文提出一种新模型对真空微波干燥过程中莲子的色泽变化进行拟合，色泽的变化分为两个阶段，酶促褐变引起的快速变化阶段及非酶促褐变引起的

缓慢变化阶段。为了保护干制莲子的色泽，应减少干燥过程中的酶促和非酶促褐变，而较高的微波功率密度可以达到此效果；随着微波功率密度的增大，总的自由氨基酸含量（尤其是风味氨基酸含量）显著增加。

3.3 真空微波与其他干燥方式对鲜切怀山药片干燥特性及品质的影响

怀山药主产于古怀庆府（今河南省焦作市温县、泌阳市、武陟县等沿沁河一带），是著名的"四大怀药"之一，药用其根茎。山药多糖是目前公认的山药主要活性成分之一，具有免疫调节，抗氧化、延缓衰老，降血糖、降血脂，抗肿瘤、抗突变，调节脾胃等功用。然而，怀山药虽具有较高的药用和食用价值，但对其加工和保鲜的研究，国内外报道较少。

本节分别采用热风、真空及微波干燥方法对新鲜怀山药进行干燥试验研究，研究不同干燥方法对新鲜怀山药片干燥特性及干燥品质的影响，为怀山药的加工、保鲜和贮藏提供技术支持。

3.3.1 材料与方法

（1）材料与试剂

怀山药：从河南温县当地市场购得；选择个体完整、粗细均匀、表皮无霉、无病虫害、无损伤、肉质洁白的光皮长柱形新鲜怀山药。

试剂（分析纯）：葡萄糖、石油醚、无水乙醇、苯酚、浓硫酸。

（2）试验仪器及设备

物料烘干试验台：GHS-Ⅱ型，黑龙江农业仪器设备修造厂；

自动恒温控制仪：GHS-Ⅱ型，黑龙江农业仪器设备修造厂；

真空干燥箱：DZF-6050 型，巩义市予华仪器有限公司；

循环水式真空泵：SHZ-DⅢ，巩义市英峪仪器厂；

紫外可见分光光度计：WFZ UV-2008AH 型，尤尼柯（上海）仪器有限公司；

电子天平：BS223S 型，北京赛多利有限公司；

恒温水浴锅：HH-S 型，江苏金坛市亿通电子有限公司。

　　真空微波干燥试验装置（HWZ-2B 型）为河南科技大学食品与生物工程学院与广州微波能设备有限公司联合制造，如图 3.16 所示。干燥箱由控制面板、微波加热腔体、空间立体转动吊篮、真空泵等部分组成。微波加热源由 3 个微波管组成，每个微波管的功率为 850W，实现了微波功率自动控制，其功率范围为 100～2550W；真空泵为水循环式真空泵，极限真空为－0.08MPa；微波加热腔体内装有吊篮，带有 6 个物料盘，干燥过程中可试验物料的转动干燥，保证了干燥的均匀性；控制面板可进行微波功率及干燥时间的设置与控制、真空泵及吊篮转动的控制；装有红外线测温器，实现了物料的实时测温。

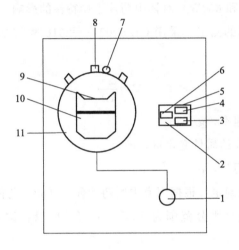

图 3.16　真空微波干燥试验装置示意

1—真空泵；2—温度显示；3—微波设置；4—操作控制；5—触摸屏控制面板；6—时间控制；

7—红外线测温器；8—微波发射器；9—物料盘；10—空间立体转动装置（吊篮）；11—微波加热腔体

（3）试验方法

① 干燥处理

a. 热风干燥。

　　在切片厚度为 5mm、风速为 0.2m/s 的条件下，考查风温（50℃、60℃和 70℃）对怀山药片干燥特性的影响；

　　在切片厚度为 5mm、风温为 60℃的条件下，考查风速（0.2m/s、0.4m/s、0.6m/s）对怀山药片干燥特性的影响。

b. 真空干燥。

在切片厚度为 5mm、真空度为－0.08MPa 的条件下，考查加热温度（60℃、70℃和 80℃）对怀山药片干燥特性的影响；

在切片厚度为 5mm、加热温度为 60℃的条件下，考查真空度（－0.07MPa、－0.08MPa 和－0.09MPa）对怀山药片干燥特性的影响。

c. 微波干燥。

在切片厚度为 5mm、微波功率为 460W 的条件下，考查单位质量微波功率（4W/g、6W/g 和 8W/g）对怀山药片干燥特性的影响；

在切片厚度为 5mm、单位质量微波功率为 6W/g 的条件下，考查微波功率（320W、460W 和 600W）对怀山药片干燥特性的影响。

② 初始含水率的测定　采用 GB 5009.3—2016 常压加热干燥法测定，干燥速率公式为：

$$V = \frac{\Delta m}{\Delta t} \tag{3-22}$$

式中　V——干燥速率，g/min；

　　Δm——怀山药的质量变化量，g；

　　Δt——时间间隔，min。

③ 干燥终点的确定　根据国家中医药管理局（82）药储字第 17 号文件规定，山药的储存安全水分范围为 12%～17%，所以在试验中以含水率低于 17%为干燥终点。

④ 复水率的测定　干制怀山药片于 10 倍室温水中浸泡 1h 后取出，沥干表面水分，检查其复水前后质量比，复水率计算公式如下：

$$R_f = \frac{m_f - m_g}{m_g} \times 100\%$$

式中　R_f——复水率，%；

　　m_f——样品复水后的质量，g；

　　m_g——干制怀山药样品的质量，g。

⑤ 山药多糖的提取测定

葡萄糖标准液：精密称取 105℃干燥至恒重的葡萄糖标准品 100mg，加蒸馏水定容至 100mL 的容量瓶中，配制成 1mg/mL 的标准液。

绘制标准曲线：精密称取 0.1mL、0.15mL、0.2mL、0.25mL、0.3mL、

0.35mL 的葡萄糖标准液于 25mL 试管中，准确补蒸馏水至 1mL，依次加入 5％苯酚溶液 1mL、浓硫酸 5mL，100℃水浴 10min，冷却后在 490nm 处测吸光度值。得到的标准曲线为 $y=0.2011x-0.0016$，$R^2=0.9994$。

干制怀山药 1g→粉碎→50mL 石油醚，60℃索式抽提 2h（除脂）→过滤，弃滤液，滤渣用 50mL 80％的乙醇、60℃索式抽提 2h（除单糖、多酚、低聚糖和皂苷等小分子）→过滤，弃滤液，滤渣用 50mL 水索式抽提 2 次，每次 2h→收集滤液，定容至 100mL 的容量瓶中，苯酚-硫酸比色法测山药多糖含量。多糖得率公式：

$$\varepsilon=\frac{m_2}{m_1}\times100\%\tag{3-23}$$

式中　ε——多糖得率，％；

　　　m_2——试验测定的多糖含量，g；

　　　m_1——试验所测样品的质量，g。

3.3.2　结果与讨论

（1）干燥方法对鲜切怀山药片干燥特性的影响

① 热风干燥对鲜切怀山药片干燥特性的影响

a. 风温对鲜切怀山药片热风干燥特性的影响。

图 3.17、图 3.18 分别为风速 0.2m/s 时，不同风温下的怀山药片热风干燥特性曲线和干燥速率曲线。

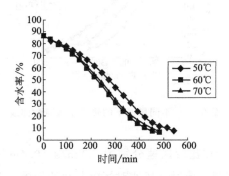

图 3.17　不同风温下的热风干燥特性曲线

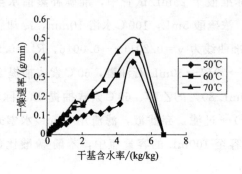

图 3.18　不同风温下的热风干燥速率曲线

由图 3.17 可以看出，普通温度 50℃、60℃和 70℃下的三条干燥曲线均连续、光滑，呈下降趋势；温度越高，下降趋势越明显，干燥时间越短。由图3.18 可知，热风干燥有明显的增速过程和降速过程，无恒速干燥过程；随着热风温度的升高，干燥速度加快，而且高温与低温影响的差别相当明显。

b. 风速对鲜切怀山药片热风干燥特性的影响。

图 3.19、图 3.20 分别为风温 60℃时，不同风速下的怀山药片热风干燥特性曲线和干燥速率曲线。

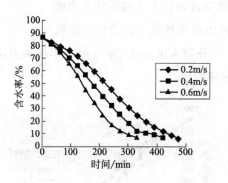

图 3.19　不同风速下的热风干燥特性曲线

由图 3.19 可知，在比较风速分别为 0.2m/s、0.4m/s 和 0.6m/s 的三条干燥曲线后发现，风温一定时，风速对怀山药片的干燥特性影响很大；风速越高，干燥曲线越陡峭，干燥时间越短。由图 3.20 可知，怀山药片热风干燥没有恒速阶段，风温一定时，风速越大，干燥速率越大，不同风速对怀山药片的热风干燥速率影响差别特别明显。

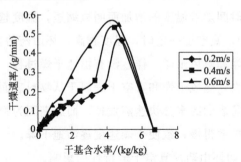

图 3.20　不同风速下的热风干燥速率曲线

② 真空干燥对鲜切怀山药片干燥特性的影响

a. 温度对鲜切怀山药片真空干燥特性的影响。

图 3.21、图 3.22 分别为真空度－0.08MPa 时，不同温度下的怀山药片真空干燥特性曲线和干燥速率曲线。

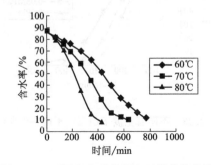

图 3.21　不同温度下的真空干燥特性曲线

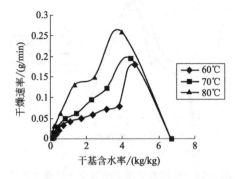

图 3.22　不同温度下的真空干燥速率曲线

由图 3.21 可知，当真空度一定，在干燥温度为 60℃、70℃和 80℃时，怀山药片的真空干燥时间随着温度的增加而明显缩短，温度越高，干燥曲线越陡峭。由图 3.22 可知，真空度一定时，温度越高，怀山药的真空干燥速率越大；怀山药片的真空干燥和热风干燥一样，没有恒速干燥过程，分析原因是因为怀山药表面水分含量大，热风干燥和真空干燥属于从物料表面向里逐渐干燥，所以干燥前期使怀山药表面的水分快速蒸发掉，而后期因为物料本身介质的阻碍而使水分从里向外扩散得慢，致使干燥速度逐渐地下降。

b. 真空度对鲜切怀山药片真空干燥特性的影响。

图 3.23、图 3.24 分别为温度 60℃时，不同真空度下的怀山药片真空干燥特性曲线和干燥速率曲线。

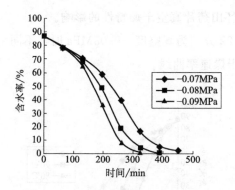

图 3.23　不同真空度下的真空干燥特性曲线

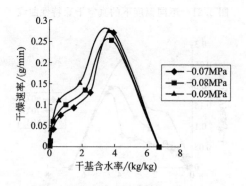

图 3.24　不同真空度下的真空干燥速率曲线

由图 3.23 可知，当干燥温度一定，在真空度为 −0.07MPa、−0.08MPa 和 −0.09MPa 时，怀山药的干燥时间随着真空度的升高而缩短。由图 3.24 可知，真空度越高，干燥速率越大，但是真空度对怀山药片真空干燥特性的影响没有温度对其影响得明显。

③ 微波干燥对鲜切怀山药片干燥特性的影响

a. 单位质量微波功率对鲜切怀山药片微波干燥特性的影响。

图 3.25、图 3.26 分别是微波功率为 460W 时，不同单位质量微波功率下的怀山药片微波干燥特性曲线和干燥速率曲线。

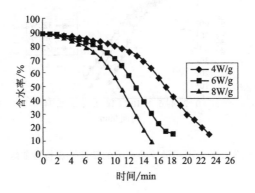

图 3.25　不同单位质量微波功率下的微波干燥特性曲线

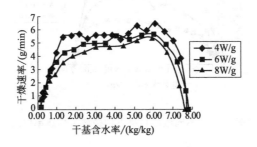

图 3.26　不同单位质量微波功率下的微波干燥速率曲线

由图 3.25 可知，当微波功率、切片厚度一定，单位质量微波功率分别为 4W/g、6W/g 和 8W/g 时，单位质量微波功率对怀山药片的干燥速率影响很大，单位质量微波功率越高，干燥曲线越陡峭，所需干燥时间越短。由图

3.26 可知，微波干燥过程分升速、恒速和降速三个阶段；单位质量微波功率越大，升速阶段用时则越少，越早达到恒速阶段，恒速阶段的干燥速率也就越大。

b. 微波功率对怀山药片微波干燥特性的影响。

图 3.27、图 3.28 分别是单位质量微波功率为 6W/g 时，不同微波功率下的怀山药片微波干燥特性曲线和干燥速率曲线。

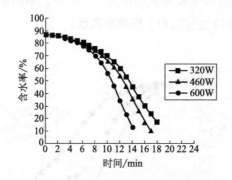

图 3.27　不同微波功率下的微波干燥特性曲线

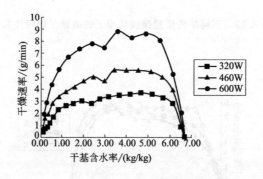

图 3.28　不同微波功率下的微波干燥速率曲线

由图 3.27 可知，在单位质量微波功率和切片厚度一定，微波功率为 320W、460W 和 600W 时，微波功率越高，怀山药的干燥曲线变化越明显。由图 3.28 可知，微波功率对怀山药片干燥速率的影响很大，干燥功率越大，恒速干燥阶段的干燥速率越高；不同功率下，其干燥曲线非常相似，升速、恒速、降速三个干燥阶段非常明显。

（2）干燥方法对鲜切怀山药片干燥品质的影响

① 干燥方法对感官品质的影响　图 3.29 为热风干燥、传导真空干燥、微波干燥和微波真空干燥下的怀山药。

图 3.29　不同干燥方式下的怀山药

由图 3.29 可知，热风干燥的样品品质最差，褐变及变形程度都要比其他几种干燥方法高；传导真空干燥的样品色泽最好，变形程度比热风干燥小，但比微波干燥高；微波干燥的样品变形程度最小，但干燥后期物料温度高，会出现泛油现象；微波真空干燥的样品整体品质是最高的，色泽和传导真空干燥一样，没有褐变及泛油现象，外观变形现象也很轻微。

② 干燥方法对复水率的影响　图 3.30 为热风干燥、传导真空干燥和微波干燥三种干燥方法对怀山药片复水率的影响图。

由图 3.30 可知，怀山药的复水率在热风干燥中，随风速和风温的增大均呈上升趋势；在传导真空干燥中，随加热温度和真空度的增大也逐渐升高；在微波干燥中，随单位质量微波功率的增大而升高，随着微波功率的增加而减小，复水效果显著。比较三种干燥方法可知，微波干燥怀山药复水率最高，热风干燥与传导真空干燥差别不大。

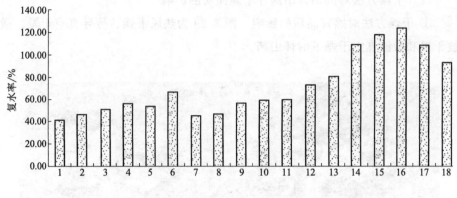

图 3.30 不同干燥工艺下的复水率

1—50℃，0.2m/s；2—60℃，0.2m/s；3—70℃，0.2m/s；4—0.2m/s，60℃；5—0.4m/s，60℃；
6—0.6m/s，60℃；7—60℃，−0.08MPa；8—70℃，−0.08MPa；9—80℃，−0.08MPa；10—−0.07MPa，
60℃；11—−0.08MPa，60℃；12—−0.09MPa，60℃；13—4W/g，460W；14—6W/g，460W；
15—8W/g，460W；16—320W，6W/g；17—460W，6W/g；18—600W，6W/g（图 3.31 同）

③ 干燥方法对山药多糖得率的影响 图 3.31 为热风干燥、传导真空干燥和微波干燥对怀山药多糖得率的影响图。

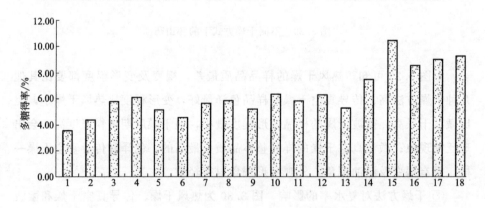

图 3.31 不同干燥工艺下的多糖得率

由图 3.31 可知，怀山药多糖得率在热风干燥中，随风速增大而降低，随风温升高而增加；在微波干燥中，随单位质量微波功率增大而增加，随功率的升高而增加，多糖得率较热风、传导真空干燥有显著提高；在传导真空干燥中，随加热温度和真空度的增大而略有增加。比较可知，怀山药多糖得率由高

到低为：微波干燥＞传导真空干燥＞热风干燥。

由试验结果可知，传导真空干燥对物料品质影响不大，能较好地保留物料的营养成分；热风干燥在干燥过程中会造成营养成分的损失；微波干燥后物料的成分会增加。这就出现了一个问题：微波具有分解的功能，经微波干燥后，物料的功能性成分是否会产生变化，变化后是否还会具有其原有的营养与保健功能？

3.3.3　小结

① 干燥动力学研究表明：同一干燥方法的不同干燥条件下，各水平的变化趋势十分明显，都能达到不同程度上的干燥效果，都能很好地表征怀山药薄层干燥的特性；不同干燥方法中，干燥速率明显不同，其所用时间长短关系为：传导真空干燥＞热风干燥＞微波干燥。可见，微波干燥怀山药片的干燥速率最快。

② 感官品质研究表明：热风干燥的样品品质最差；传导真空干燥的样品外观色泽最好，但是变形比较严重；微波干燥的样品变形轻微，但因出现泛油现象而导致色泽变黄；微波真空组合干燥的样品品质最佳，既体现了传导真空干燥和微波干燥的优点，又克服了单一干燥下所出现的问题。

③ 复水率研究表明：对同一种干燥方法不同干燥条件下的干燥怀山药片复水率比较得出，同一干燥方法不同干燥条件下的复水率均有明显变化；对不同干燥方法下的干燥怀山药片复水率比较得出，复水率由高到低为：微波干燥＞热风干燥＞传导真空干燥。其中热风干燥与传导真空干燥相差不大，微波干燥怀山药片的复水率最高。

④ 多糖得率试验表明：对同一种干燥方法不同干燥条件下的干燥怀山药片多糖得率比较得出，同一干燥方法不同干燥条件下的多糖得率有明显变化；对不同干燥方法下的多糖得率比较得出，多糖得率由高到低为：微波干燥＞传导真空干燥＞热风干燥。可见，微波干燥怀山药片的多糖得率最高。

◆ 参考文献 ◆

[1] Szczepina M G，Bleile D W，Lewis A R，et al. Waterlogsy nmr experiments in conjunction with molecular-dynamics simulations identify immobilized water molecules that bridge peptide mimic md-

wnmhaa to anticarbohydrate antibody sya/j6. Chemistry，2011，17（41）：11438-11445.

［2］ Kiranoudis C T，Tsami E，Maroulis Z B，et al. DRYING KINETICS OF SOME FRUITS［J］. Drying Technology，1997，15（5）：1399-1418.

［3］ 王喜鹏，张进疆，徐成海，等. 胡萝卜的真空微波干燥特性研究及工艺优化［J］. 现代农业装备，2005（9）.

［4］ Drouzas A E，Schubert H. Microwave application in vacuum drying of fruits［J］. Journal of Food Engineering，2010，8（2）：203-209.

［5］ Cui Z W，Xu S Y，Sun D W. Microwave-vacuum drying kinetics of carrot slices［J］. Journal of Food Engineering，2004，65（2）：157-164.

［6］ Sutar P P，Prasad S. Modeling Microwave Vacuum Drying Kinetics and Moisture Diffusivity of Carrot Slices［J］. Drying Technology，2007，25（10）：1695-1702.

［7］ Ressing H，Ressing M，Durance T. Modeling the mechanisms of dough puffing during vacuum microwave drying using the finite element method［J］. Journal of Food Engineering，2014，82（4）：498-508.

［8］ 黄姬俊，郑宝东. 香菇微波真空干燥特性及其动力学［J］. 福建农林大学学报（自然科学版），2010，39（3）：319-324.

［9］ 黄艳，黄建立，郑宝东. 银耳微波真空干燥特性及动力学模型［J］. 农业工程学报，2010（4）：370-375.

［10］ 李辉，林河通，袁芳，等. 荔枝果肉微波真空干燥特性与动力学模型［J］. 农业机械学报，2012，43（6）.

［11］ 魏巍，李维新，何志刚，等. 绿茶微波真空干燥特性及动力学模型［J］. 农业工程学报，2010（10）：367-371.

［12］ 刘海军. 微波真空膨化浆果脆片的机理研究［D］. 哈尔滨：东北农业大学，2013.

［13］ 李维新，魏巍，何志刚，等. 糖姜间歇微波真空干燥特性及其动力学模型［J］. 农业工程学报，2012，28（1）：262-266.

［14］ 田玉庭，陈洁，李淑婷，等. 不同干燥方法对龙眼果肉品质特性的影响［J］. 西北农林科技大学学报（自然科学版），2012，40（8）：161-165.

［15］ 陈丰. 莲子微波真空干燥工艺的研究［D］. 福州：福建农林大学，2010.

第4章
食品微波冷冻干燥技术与应用

4.1 微波冷冻干燥技术原理及设备

在我国，对流干燥是当前最普遍的干燥方式。然而，在工业上由于干燥时间长以及干燥温度高，常常导致产品颜色变暗、形态收缩、失去风味以及复水能力差等问题的发生。相对于其他干燥方式，冷冻干燥是一种能够对几乎所有的食物都能够较好地维持其营养、颜色、结构以及风味物质的干燥方式。而且，冷冻干燥还能够为多孔结构的材料提供较好的复水能力。然而，众所周知，冷冻干燥设备十分昂贵，这限制了将其应用于农产品的干燥中。

随着干制品需求量的不断上升和消费者对其品质要求的日益提高，迫切需要研发出更加高效的干燥方式。微波是一种电磁波，且已经作为一种热源广泛地应用于食品工业。微波可以穿透物质，即不借助热梯度便可加热产品，相对于传统热风干燥，微波干燥更加迅速、均匀，高效节能。将微波作为冷冻干燥的热源，在真空条件下，微波可以加热容积大的物质，并可大大提高冷冻干燥的速度，这种技术称为微波冷冻干燥（microwave freeze drying，MFD）。近几年，微波冷冻干燥已经被研究作为一种潜在的获取高品质干燥产品的方法。MFD 包含了微波干燥和冷冻干燥的所有优点。在 MFD 过程中大部分的水是在一个高真空状态下通过升华的方式去除的，因此能够得到一个同 FD 干燥有着相似品质的干燥产品。此外，微波是一种快速的过程，因此它有潜在的提高干燥效率的可能。

4.1.1 微波冷冻干燥技术概述

真空冷冻干燥（FD）是使食品在低压、低温下进行水分蒸发，它利用冰的升华原理，在高真空的环境条件下，将冻结食品中的水分不经过冰的融化直接从固态冰升华为水蒸气而使物料干燥。普通冻干采用的加热方法一般都是加热板加热，由于在真空环境中没有对流，故传热传质极其缓慢，导致在实际应用当中最突出的问题就是能耗大、生产周期长、成本高。与热风干燥相比，冷冻干燥的成本要高4～6倍。另外，冷冻干燥加工周期长，加工温度较低，产品容易出现微生物超标现象，如何降低冻干产品微生物含量也是急需解决的问题。

冷冻干燥过程主要包括四方面的操作：冷冻、抽真空、升华脱水、再冷凝（捕水）。图4.1所示为这四方面的操作在总的能耗中各自所占的比例。由图可知，升华脱水的能耗几乎达到总能耗的一半，而冷冻操作能耗则较低，抽真空和捕水的能耗基本相同。所以，要克服冷冻干燥的缺点，应致力于改善热传递条件，从而提高升华脱水的效率；另外尽力缩短干燥时间，从而降低真空系统和捕水系统的运行时间。基于以上FD过程的分析，为了缩短干燥时间，提高冻干过程的加热效率，可将微波作为冷冻干燥系统的热源。微波是一种电磁波，可产生高频电磁场，介质材料中的极性分子在电磁场中随着电磁场的频率不断改变极性取向，使分子来回振动，产生摩擦热。

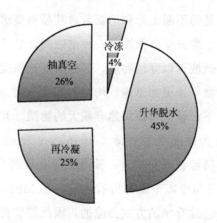

图4.1 冷冻干燥过程的各单元能耗比例

　　微波可透入物料内部对物料进行整体加热，即所谓无温度梯度加热，进而得到更佳的干燥效果。微波加热不需加热介质，便于控制、热效率高，被称为第四代干燥技术。因此在真空状态下依然可快速对物料进行加热，能大大提高冻干速率。同时，利用微波加热升温快并具有非热效应的特点，可在冻干过程中对物料进行杀菌处理，而且对产品品质影响较小。这样，利用微波作为冷冻干燥热源的联合干燥方法可称为同步式微波辅助冻干联合干燥。

　　同普通冷冻干燥一样，微波冷冻干燥也主要包括制冷系统、真空系统、捕水系统以及加热系统。工作时干燥室压力低于水的三相点压力，冻结的物料水分开始升华，为加快升华速度，微波源工作提供热量。因此，同普通的 FD 一样，MFD 依旧属于低温升华干燥的范畴；MFD 的产品在理论上和 FD 产品是没有差异的，如果实际操作成本降低，完全可以取代 FD。图 4.2 所示为微波冷冻干燥装置的示意图，这里把普通加热板和微波加热集成在一起，可以用来做联合干燥。另外，微波场中温度测量所用方式不同于普通冻干装置，这是因为常规的温度传感器如热电偶、铂电阻等在微波场中信号会产生失真，故较为常用的测温方式是采用红外测温或光纤测温。

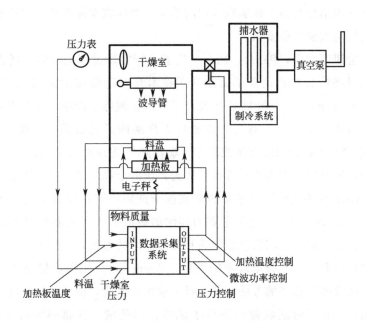

图 4.2　微波冷冻干燥装置示意图

4.1.2 微波冷冻干燥技术的研究进展

在理论研究方面，从微波冷冻干燥技术问世后，人们一直致力于解决该项技术的一些问题，较为突出的就是微波的加热均匀性差，工艺的优化和过程控制较为困难。这就需要建立较为准确的干燥模型，从而可以对干燥过程进行预测。微波冷冻干燥的理论以常规冻干理论为基础，分为传热传质过程与微波场强的分布两部分。微波冻干中由于传热传质和电磁场分布相互耦合，因而增加了干燥过程的复杂性，并带来了一些问题。因此热电耦合及相关问题就成了理论研究中的重要内容。最早提出的微波冷冻干燥的准稳态传热模型虽然具有一定指导意义，但与实际过程差别较大，后来有学者提出了较完善的一维非稳态热质传递模型，在此基础上，又考虑了物料的各向异性而将其扩展到了二维模型。再后来有学者研究了微波冷冻干燥过程的升华-冷凝现象，并建立了多孔介质的升华-冷凝模型，经过验证能较为准确地模拟干燥过程中的热质传递。最后在此基础上发展了具有电介质核的多孔介质耦合传热传质模型，考虑了吸附水的干燥过程，进一步完善了微波冷冻干燥过程的数学模拟理论。但这些理论尚无进一步结合具体干燥实践应用的报道，如何在实际生产中进行模型的修正及改进仍有大量工作要做。

在试验研究方面，Peltre、Ma[1] 除了进行干燥过程的试验，还进行了微波冻干的经济性分析，论证了微波冻干技术具有降低实际运行成本的能力。Tetenbaum 和 Weiss[2] 在 1981 年设计了新的微波冻干设备，将冻干牛肉的干燥时间大幅度缩短，但没有进一步进行更详细的工艺试验。王朝晖等[3] 在 1997 年进行了初始饱和度对微波冷冻干燥传热传质过程的影响，发展了升华-冷凝模型，同时以牛肉为原料进行了较为系统的干燥工艺试验。施明恒、王朝晖[4] 在 1998 年还进行了蜂王浆的微波冻干试验，但并没有给出具体工艺优化办法。Lombrana 等[5] 进行了更为详细的微波冻干工艺参数试验，除了研究传递现象，还提出了间歇微波加热和循环压力的方法，把压力作为一个重要控制参数，以避免辉光放电现象的发生。Wang 等[6] 则首次提出了加入介电材料提高微波冻干速率的方法，并进行了系统的试验，提出了具有电介质核的传热模型，但其只对液状物料进行了试验，如药液、甘露醇溶液和脱脂乳。Nastaj 和 Witkiewicz[7] 用微波冷冻干燥的方法干燥了一些生物材料，并和其他方式做了对比。Wu 等[8] 还报道了冰晶尺寸对微波冻干速率的影响。

总之，虽然 MFD 相对传统 FD 具有巨大的优势，但微波冷冻干燥过程比普通冻干过程更为复杂，对其的研究近年来依然集中在传热传质的理论研究方面，涉及实际生产工艺以及具体产品的研究成果几乎没有，另外有很多具体问题一直没有解决，因此目前还没有工业化方面的应用，国内外进行这方面研究工作的人也相对较少。如果要将这门技术成功地运用到实际生产，必须要结合具体物料，进行大量的试验研究，并能解决 MFD 过程的典型问题。

4.1.3　微波冷冻干燥技术当前存在的问题

食品的微波冷冻干燥目的就是取代常规的 FD 方式，在产品品质没有明显区别的前提下，尽可能地缩短干燥时间、降低干燥能耗。要实现这一目标，必须要解决在 MFD 中可能出现的各种问题。

4.1.3.1　干燥设备的问题

（1）加热不均匀

尽管微波可直接对食品内部水分进行加热并快速升温，但由于干燥室中的微波场分布不均，依然会造成物料加热不均匀的问题。另外，许多报道表明，产品的边缘和尖角部位在微波场中容易过热，从而造成产品焦糊或失去风味；当干燥后期物料水分含量较低时，虽然水分少，吸收微波能也减少，但少量微波能也能使物料快速升温至很高水平，引起焦糊。所以，实际操作中物料温度的精确控制是一个重要问题。要解决加热不均匀的问题，需要对干燥室内的微波场分布进行模拟，优化物料摆放位置，并采用多模式的谐振腔。

（2）微波和传热传质的相互影响

微波场内存在着微波和物料的相互耦合作用，这会导致几个问题：①干层热失速，也称为热斑、热失控。如果物料的微波吸收能力随温度上升而上升，则微波加热使温度升高，而温度上升又使物料吸收的热量增大，两者相互影响会使加热集中在物料的特定区域内而使干燥失败。②冻结层的冰融。同上述相似，因为水的微波吸收系数远大于冻结物料，因此如果冻区内有一点融化，则微波就会集中加热这一点而使干燥失败。③回波。如果微波加热功率和物料对微波的吸收不匹配，则电磁波就会在加热腔中反复振荡形成很强的驻波，并可能沿波导管返回磁控管中,严重时甚至可能造成磁控管的损坏。要解决这些问题,必须对物料的介电特性进行研究,找出其微波吸收规律,防止热失速的发生。

(3)辉光放电问题

辉光放电是指在高电场点及加热腔的突出位置,由于电场击穿会发生辉光放电使食品变性变味、浪费功率,并可能损坏设备。电场中发生辉光放电的最小场强与水蒸气分压有关,在真空冷冻干燥条件下,由于干燥室内压力很低,当某一点的电场强度高于临界值的时候,就会发生空气击穿现象,引起辉光放电。这也是 MFD 设备较难解决的一个问题。解决这一问题首先要在设计干燥室的时候,对电场强度分布进行详细模拟,并采用多模式的谐振腔,尤其在微波馈能口位置要控制压力不能过低。另外要对谐振腔的尺寸进行优化,并在实际干燥操作时对微波功率密度和压力进行匹配。

(4)干燥中物料温度的检测

在冷冻干燥过程中,物料的温度原则上要低于共熔点温度,这样才能保证物料在干燥过程中不出现液态水分的迁移,从而保证产品的质量,所以,物料的温度在线检测就至关重要。在常规冻干中这已经是很成熟的技术了,但在微波冻干中,微波会对常规的热电偶热电阻等电信号产生强烈干扰,甚至引起短路、放电等故障。目前较为常用的是采用红外测温方法,但该方法最大的问题是只能反映物料表面的温度。解决此问题的方法一是直接采用光纤测温的办法,但目前国内外的光纤用于真空环境下效果都不太好,需要相关的攻关研究;另外的方法是采用较为可靠的红外测温方法,结合其他温度指示手段(如测温贴、化学指示剂等),对物料的温度分布进行模拟,这样通过表面温度也可实现对干燥过程的控制。

4.1.3.2 干燥速率的提高以及能耗的充分降低

对微波冻干和普通冻干的经济性对比已有人做了较为详细的分析,但要扩大微波冻干的成本优势,最直接的还是缩短其干燥时间。在比普通 FD 大为节约干燥时间的基础上,制约 MFD 干燥时间的主要是物料中水冻结后介电损耗系数大为降低,从而导致物料吸收微波的能力下降。因此,如果要进一步提升MFD 的干燥速率,提高微波能的利用率,则必须对物料的介电特性进行详细研究。在微波场中食品介电特性研究的相关报道比较少见,而且大多是基础性的物性参数研究。如程裕东[9] 报道了通过对面包样品添加 NaCl 来改变样品的介电特性，结果表明添加 NaCl 可提高样品的表面加热性，使样品的温度分布高温区由中心部向着顶角部转移，目前此领域的技术均未涉及提高微波场中食品介电常数的技术内容。

另外，为了进一步降低能耗，如何进行合理的前处理也很重要。对冻干前处理的研究目前较少，多数是讨论预冻工艺对冷冻干燥品质和速率的影响。渗透技术是利用渗透压差对物料进行部分脱水的一种方法，一般经常用到的渗透剂有盐、糖、酒精等材料。渗透处理在以前的报道中主要用于蔬菜水果的处理，在部分脱水后由于初始含水率的下降，后续干燥可缩短干燥时间、降低能耗。同时由于渗透处理条件温和，对物料的物理和化学损伤都较小，因此，渗透处理可作为一种很好的干燥前处理方法，来进一步缩短干燥时间、降低能耗。相关试验还有利用渗透前处理结合冷冻干燥加工苹果和土豆，渗透介质为糖和食盐，产品质量很好，并且大幅度地缩短了 FD 干燥时间。

4.1.3.3 微生物数量的控制

常规冷冻干燥由于耗费时间长，通常要 25h 左右，而且整个冷冻干燥过程中温度都比较低，因此导致冻干过程中微生物不易控制，干燥结束后大部分微生物只是休眠，并没有死亡，在以后的贮藏过程中只要条件适宜，微生物就会活化。如何解决微波冷冻干燥过程的杀菌问题，也是 MFD 技术值得研究的一个重要问题。

4.2 微波冷冻干燥过程的品质控制技术

农产品干燥处理的最终目的是要得到品质较高的干制品。虽然微波冷冻干燥能够得到与真空冷冻干燥品质相似的干制品，但是通过细致的对比能够发现，同种物料，微波冷冻干燥操作能够缩短干燥耗时，但是得到的产品品质仍然比真空冷冻干燥得到的产品品质要低得多。因此为了进一步提升微波冷冻干燥产品品质，需要对微波冷冻干燥过程中的品质进行控制。本节以双孢菇为例介绍微波冷冻干燥过程中品质控制的方法。

4.2.1 双孢菇微波冷冻干燥特性及干燥品质研究

4.2.1.1 试验方法

（1）物料预处理

双孢菇预处理采用 Ren 等[10] 的方法，干燥试验前，将双孢菇清洗干净，切成约 5mm×50mm×15mm（厚×长×宽）的薄片，在−25 ℃下冻结 8h，用于微波冷冻干燥试验。

（2）试验设计

将双孢菇片平铺于干燥箱多孔物料盘内，每盘放入 2kg 双孢菇片。将微波冷冻干燥机冷阱温度设定为−40℃，进行以下 5 组干燥试验：①固定系统压强为 100Pa，改变微波功率密度（0.25W/g、0.50W/g、0.75W/g）；②固定微波功率密度为 0.50W/g，改变系统压强（50Pa、100Pa、150Pa）。干燥过程中，每隔 0.5h 将物料盘取出称量，记录数据后迅速放回继续干燥，直至物料湿基含水率低于 5% 时，干燥结束。每组干燥试验重复操作 3 次。

（3）样品含水率测定

双孢菇样品含水率采用 GB 5009.3—2016 中的直接干燥法。

（4）干燥过程中物料湿基含水率测定

微波冷冻干燥过程中物料湿基含水率按式(4-1)计算。

$$w_t = \frac{m_t - m_0(1 - w_0)}{m_t} \times 100\% \tag{4-1}$$

式中，w_t、w_0 分别为在任意干燥 t 时刻的物料湿基含水率和物料初始湿基含水率，%；m_t、m_0 分别为在任意干燥 t 时刻的质量和物料初始质量，g。

（5）有效水分扩散系数测定

不同干燥时间双孢菇的水分比（moisture ratio，MR）按式(4-2)计算。

$$MR = \frac{M_t - M_e}{M_0 - M_e} \tag{4-2}$$

式中，M_0、M_e、M_t 分别为初始干基含水率、干燥到平衡时的干基含水率、在任意干燥 t 时刻的干基含水率，g/g。M_e 相对于 M_0 和 M_t 来说很小，可近似为 0。因此，式(4-2) 可以改写为

$$MR = \frac{M_t}{M_0} \tag{4-3}$$

试验所用双孢菇片的厚度远小于其直径，所以可把双孢菇片看作大平板，其水分扩散特性为一维轴向扩散。因此根据 Fick 第二扩散定律，MR 可采用式(4-4) 计算。

$$MR = \frac{M_t}{M_0} = \frac{8}{\pi^2} \sum_{n=0}^{\infty} \frac{1}{(2n+1)^2} \exp\left(\frac{-(2n+1)^2 \pi^2 D_{eff} t}{4L^2}\right) \tag{4-4}$$

式中，D_{eff} 为有效水分扩散系数，m^2/s；L 为物料厚度的一半，m；t 为干燥时间，s；M_0 为初始干基含水率，g/g；M_t 为在任意干燥 t 时刻的干基含水率，g/g；n 为组数，本试验干燥时间足够长，因此可将其视为 0。故

$$MR = \frac{8}{\pi^2} - \exp\left(\frac{\pi^2 D_{eff}}{4L^2} t\right) \tag{4-5}$$

将式(4-5) 两端取自然对数，得

$$\ln MR = \ln \frac{8}{\pi^2} - \frac{\pi^2 D_{eff}}{4L^2} t \tag{4-6}$$

由公式(4-6) 可以看出，$\ln MR$ 与时间 t 呈线性关系，有效水分扩散系数 (D_{eff}) 可由其斜率求出。

干基含水率与湿基含水率按式(4-7) 转换。

$$M = \frac{w}{1-w} \tag{4-7}$$

式中，M 和 w 分别表示物料干基含水率和湿基含水率。

(6) 干燥模型及拟合

采用式(4-8)～式(4-11) 干燥模型对双孢菇微波冷冻干燥过程中水分比与时间之间的关系进行拟合。

Lewis（Newton）模型：

$$MR = \exp(-kt) \tag{4-8}$$

Page 模型：

$$MR = \exp(-kt^n) \tag{4-9}$$

Henderson and Pabis 模型：

$$MR = a \exp(-kt) \tag{4-10}$$

Logarithmic 模型：

$$MR = a \exp(-kt) + c \tag{4-11}$$

式(4-8)～式(4-11) 中，MR 为水分比；t 为干燥时间，h；a、k、n、c

分别为各模型中的待定系数，可由 Origin pro 8.5 软件拟合得到。

（7）品质指标测定

复水比测定：将不同干燥条件下得到的双孢菇干制品浸泡在 25 ℃的蒸馏水中 10min，捞出沥干，称量。复水比（rehydration ratio，RR）采用式（4-12）计算。

$$RR = W_r/W_d \tag{4-12}$$

式中，W_d 和 W_r 分别代表复水前后双孢菇干制品的质量，g。

收缩率测定：收缩率（shrinkage ratio，SR）采用 Duan Xu 等[11] 的方法，以式（4-13）计算。

$$SR = \frac{V}{V_0} \tag{4-13}$$

式中，V 和 V_0 分别代表不同干燥条件下双孢菇的体积和新鲜双孢菇的体积，m^3。

白度测定：使用 X-rite Color I5 型色差计测定不同干燥条件下双孢菇的 L^*、a^*、b^* 值。其中，L^* 表示产品颜色黑（值为 0）和白（值为 100）的程度；a^* 表示产品颜色红（正值）和绿（负值）的程度；b^* 表示产品颜色黄（正值）和蓝（负值）的程度。白度（whiteness index，WI）值采用式（4-14）计算。

$$WI = 100 - \sqrt{(100 - L^*)^2 + a^{*2} + b^{*2}} \tag{4-14}$$

维生素 C 保存率计算：维生素 C 含量采用 2,6-二氯酚靛酚滴定法测定，每组试验重复 3 次。维生素 C 保存率用式（4-15）计算。

$$维生素\,C\,保存率 = \frac{不同干燥条件下干制品所含维生素\,C\,的质量分数}{新鲜原料所含维生素\,C\,的质量分数} \times 100\%$$

$$\tag{4-15}$$

（8）能耗测定及加权综合评价方法

若不同干燥条件下双孢菇微波冷冻干燥消耗总能量通过电表测定，则不同干燥条件下双孢菇微波冷冻干燥能耗以去除 1kg 水分所消耗的能量（kJ/kg）表示。

加权综合评价参考巨浩羽等的方法，结合本试验，选取干燥时间、干燥能耗、复水比、白度以及维生素 C 保存率为评价指标，对不同条件下双孢菇微波冷冻干燥过程进行加权综合评价，通过层次分析法，得出与干燥时间、干燥能耗、复水比、白度以及维生素 C 保存率相对应的权重分别为：0.20、0.20、0.10、0.25、0.25。

(9) 基于模糊数学推理法的感官评定

感官评定参考 Duan 等[11] 的方法，挑选 10 名身体健康、无吸烟等不良生活习惯的评定员，以"非常喜欢""喜欢""中立意见""不喜欢""非常不喜欢"为评价语，以干制品"颜色""外观""质地""风味""整体接受程度"为评价指标，按表 4.1 所列评价标准对不同干燥条件下得到的双孢菇干制品进行感官评价。由于食品的颜色、外观、质地、风味、整体接受程度等评价指标在描述上很难划分出清晰的界限，不同评定人员对同一原料可能因评定界限不同得出不同的结论，因此这样的结论具有一定的模糊性，而应用模糊数学的方法可以对这些属性进行数学化的描述和处理。试验中模糊数学推理与各评价指标对应的权重集 X ＝{颜色，外观，质地，风味，整体接受程度}＝{0.27，0.25，0.15，0.13，0.20}。

表 4.1　双孢菇干制品感官评价标准

评价指标	评语				
	非常喜欢	喜欢	中立意见	不喜欢	非常不喜欢
颜色	亮白	白	暗	浅褐色	深褐色
外观	无皱缩	轻微皱缩	明显皱缩	严重皱缩、无裂纹	严重皱缩、有裂纹
质地	细腻	清脆	有弹性	软	粗糙有丝状物残留
风味	新鲜、甜味	新鲜、有较弱甜味	鲜味	苦味	严重苦味
整体接受程度	优秀	良好	能够接受	勉强接受	拒绝接受

(10) 统计分析

采用 Origin pro 8.5（美国 Origin Lab 公司）对试验数据进行线性/非线性拟合，并分析其拟合度；使用 DPS 7.05 对试验数据进行方差分析，试验中显著水平定为 $p < 0.05$。每组试验重复 3 次，取其平均值进行各指标统计分析。

4.2.2　不同干燥条件对双孢菇干燥特性的影响

不同微波功率密度和系统压强下，双孢菇微波冷冻干燥曲线如图 4.3 所示。在压强为 100Pa，微波功率密度为 0.25W/g、0.50W/g、0.75W/g 条件

下，双孢菇干燥至终点所用的时间分别为 9.5h、7h 和 5h，微波功率密度为
0.75W/g 时的干燥时间比微波功率密度为 0.25W/g 时缩短了 47.37%；这说
明提高微波加载比功率能够提升干燥速率，进而缩短干燥时间。但是功率过高
会引起微波真空状态下击穿放电现象的发生，不利于双孢菇的微波冷冻干燥，
根据之前的研究，一般当系统压强在 100Pa 时，微波功率密度不宜超过 6W/g。
在微波功率密度为 0.50W/g，系统压强为 50Pa、100Pa、150Pa 条件下，双孢
菇干燥所需的时间分别为 6h、7h 和 7.5h，压强为 50Pa 时的干燥时间比压强
为 150Pa 时缩短了 20%。对比微波功率密度和压强对双孢菇干燥时间的影响
可以发现，微波功率密度的影响更为显著（$p < 0.05$）。S. K. Giri 等[12] 在研
究双孢菇微波真空和对流热风干燥时同样发现，微波功率密度对双孢菇微波真
空干燥的影响比真空度更明显（$p < 0.05$）。在实际生产中，虽然真空度越高
（即系统压强越低），水的沸点温度越低，越容易蒸发，但干燥时消耗的能量也
会越多，双孢菇干制品的生产成本也随之增加。

　　图 4.3 显示双孢菇微波冷冻干燥曲线有两个明显不同的阶段，含水率快速
下降阶段（约占整个干燥时间的 55%）以及之后的含水率下降平缓阶段。Du-
an Xu 等[11] 在对比研究双孢菇不同升华干燥时发现，在微波冷冻干燥过程中
大约 55% 的时间里水分是通过升华的方式去除的；而之后的水分是以蒸发为
主、升华为辅的方式去除的，且水分蒸发需要将液态水迁移至物料表面，这使

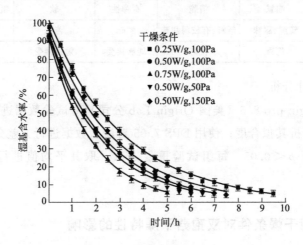

图 4.3　不同干燥条件下双孢菇的微波冷冻干燥曲线

得双孢菇水分去除速率下降。含水率这一结果可以用来解释双孢菇微波冷冻干燥曲线呈现出不同下降阶段的现象。为了更加清楚地探究双孢菇微波冷冻干燥过程中水分变化的过程，采用 4 种常见的干燥模型对试验数据进行拟合。通过 Origin pro 8.5 非线性拟合发现，当采用 Henderson and Pabis 模型时，各干燥曲线的 R^2 值最大（表 4.2），且都大于 0.9，表现出较好的拟合；这意味着，可以采用 Henderson and Pabis 模型来描述双孢菇微波冷冻干燥过程中水分的变化规律。

表 4.2　不同干燥条件下水分比和水分比自然对数随干燥时间变化规律的拟合结果

干燥条件	模型方程	模型参数		决定系数
		a	k	R^2
0.25W/g, 100Pa		101.56	0.31	0.9681
0.50 W/g, 100Pa		92.44	0.41	0.9911
0.75 W/g, 100Pa	$MR = a\exp(-kt)$	91.97	0.55	0.9825
0.50 W/g, 150Pa		92.04	0.44	0.9762
0.50 W/g, 50Pa		97.24	0.37	0.9901
0.25W/g, 100Pa		−1.21	-1.35×10^{-4}	0.9544
0.50 W/g, 100Pa		−1.06	-1.75×10^{-4}	0.9848
0.75 W/g, 100Pa	$\ln MR = a + kt$	−1.45	-2.23×10^{-4}	0.9823
0.50 W/g, 150Pa		−1.33	-1.90×10^{-4}	0.9876
0.50 W/g, 50Pa		−1.54	-1.59×10^{-4}	0.9723

注：MR 为水分比；a、k 为模型参数；t 为干燥时间。

由表 4.2 可知，不同干燥条件下双孢菇水分比自然对数 lnMR 随时间变化规律拟合曲线的 R^2 均大于 0.9，表现出较好的拟合，这说明通过计算其斜率能够准确地得到双孢菇微波冷冻干燥过程中的有效水分扩散系数。图 4.4 显示了不同干燥条件下双孢菇干燥水分比的自然对数 lnMR 随干燥时间的变化规律及其有效水分扩散系数，由图可知双孢菇微波冷冻干燥过程中的有效水分扩散系数在 $3.423 \times 10^{-10} \sim 5.654 \times 10^{-10}$ m^2/s 之间，均属于 10^{-10} 数量级，这符合一般食品原料干燥有效水分扩散系数 $10^{-12} \sim 10^{-8}$ m^2/s 的范围。通过图 4.4(b) 可以发现在压强为 100Pa，微波功率密度为 0.25W/g、0.50W/g 和 0.75W/g 条件下，双孢菇有效水分扩散系数分别为 3.423×10^{-10} m^2/s、4.448×10^{-10} m^2/s 和 5.654×10^{-10} m^2/s，最高值比最低值提升了 65.18%；

在微波功率密度为 0.50W/g，系统压强为 50Pa、100Pa、150Pa 条件下，双孢菇有效水分扩散系数分别为 $4.809 \times 10^{-10}\,m^2/s$、$4.448 \times 10^{-10}\,m^2/s$、$4.020 \times 10^{-10}\,m^2/s$，最高值比最低值提升了 19.63%。以上分析说明，增加微波功率密度和降低系统压强均可以强化双孢菇微波冷冻干燥过程中的传热传质行为，从而提高双孢菇的有效水分扩散系数，但微波对有效水分扩散系数提升的影响更明显（$p < 0.05$）。这一现象也是增加微波功率密度和降低系统压强都可以减少干燥时间，且微波对干燥时间影响较为显著（$p < 0.05$）的原因。

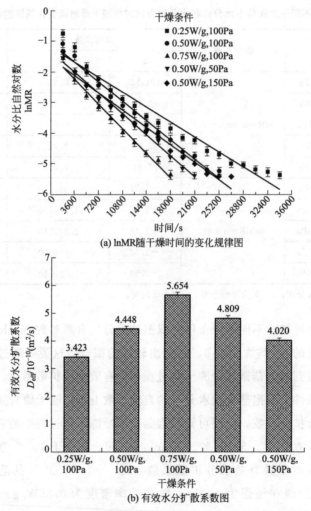

(a) lnMR随干燥时间的变化规律图

(b) 有效水分扩散系数图

图 4.4　不同干燥条件下双孢菇干燥水分比自然对数随干燥
时间的变化规律及其有效水分扩散系数

4.2.3　不同干燥条件对双孢菇品质特性的影响

　　表 4.3 给出了不同干燥条件下双孢菇干制品的复水比、收缩率、白度和维生素 C 保存率的结果。固定压强，随着微波功率密度的增加，产品的复水比和收缩率在不断地降低，且复水比和收缩率的最低值比最高值分别降低了 25.81％和 16.90％。同样的，固定微波功率密度，随着系统压强的下降，产品的复水比和收缩率表现出下降的趋势，但复水比和收缩率的最低值比最高值分别降低了 4.72％和 4.41％，其降低率小于改变微波功率密度相应指标的降低率。以上结果说明改变微波功率密度和系统压强对复水比和收缩率均会产生影响，但微波对其影响程度更显著（$p < 0.05$）。可能的原因是，在食品物料升华干燥过程中，水分以气态形式去除，从而避免了由于水分迁移而引起的应力收缩现象发生，因此升华干燥能够比蒸发干燥更好地保护物料内部结构；在微波冷冻干燥过程中，当微波功率密度和系统压强过高时，双孢菇内的水分子以蒸发方式扩散的比较多，导致双孢菇的内部结构破损较大，从而造成产品收缩率下降，收缩程度加重，复水比减小。

　　从表 4.3 中可以看出，当固定系统压强、微波功率密度在 0.75W/g 时，干燥最终产品的白度比微波功率密度为 0.25W/g 时下降了 28.14％，这表明增加微波功率密度会造成褐变反应的加剧；升高系统压强同样使得双孢菇产品的白度值降低，当固定微波功率密度、系统压强为 150Pa 时，双孢菇的白度值比系统压强为 50Pa 时降低了 13.91％，其降低率小于改变微波功率密度相应指标的降低率。维生素 C 保存率是衡量双孢菇产品品质的重要指标之一，由表 4.3 可得，改变微波功率密度，维生素 C 保存率的最低值比最高值下降了 18.17％，而改变系统压强，维生素 C 保存率的最低值比最高值降低了 37.06％，这表明系统压强对维生素 C 保存率的影响比微波功率密度的影响显著（$p < 0.05$）。食品物料褐变包括酶促褐变和非酶褐变两种方式。酶促褐变主要与物料内部酶活性相关，非酶褐变主要由物料内部成分降解引起，如维生素 C 的降解。当物料处于微波功率密度大、真空度高的条件下时，其表面温度高且水分下降快，导致酶促褐变发生；然而，当物料在高微波加载、低真空度情况下时，其表面的温度及接触的氧气含量较高，导致维生素 C 降解。一方面，对比双孢菇干制品的白度与维生素 C 保存率变化规律可以说明，在双孢菇微波冷冻干燥过程中主要发生的是酶促褐变。另一方面，对比表 4.3 中各

品质指标在改变微波功率密度和系统压强中呈现出的趋势表明，微波在双孢菇微波冷冻干燥过程中对其物理品质指标如颜色、形状等的影响较大，而压强对于其维生素 C 营养含量指标的影响较大。

表 4.3　不同干燥条件下双孢菇干制品的品质特性

干燥条件	复水比 RR	收缩率 SR	白度 WI	维生素 C 保存率
0.25W/g,100Pa	5.27 ± 0.047^a	0.71 ± 0.017^b	66.31 ± 0.081^a	59.34 ± 0.058^c
0.50W/g,100Pa	4.51 ± 0.056^c	0.67 ± 0.031^{ab}	56.58 ± 0.052^b	53.7 ± 0.042^b
0.75W/g,100Pa	3.91 ± 0.015^d	0.59 ± 0.028^a	47.65 ± 0.037^d	48.56 ± 0.044^d
0.50W/g,150Pa	4.66 ± 0.036^b	0.68 ± 0.063^b	50.69 ± 0.051^c	67.25 ± 0.052^a
0.50W/g,50Pa	4.44 ± 0.024^c	0.65 ± 0.012^c	58.88 ± 0.047^b	42.33 ± 0.019^d

注：不同字母 a、b、c、d 表示不同干燥条件下差异显著（$p<0.05$）。

4.2.4　不同条件下双孢菇微波冷冻干燥能耗对比及加权综合评价

不同条件下双孢菇微波冷冻干燥能耗如图 4.5（a）所示。当固定系统压强为 100Pa、微波功率密度为 0.25W/g 时，能耗值比微波功率密度为 0.75W/g 时的能耗值降低了 5.59%；当固定微波功率密度为 0.5W/g、系统压强为 150Pa 时，能耗值比系统压强为 50Pa 时的能耗值降低了 8.53%。这意味着降低微波功率密度和增加系统压强均能降低干燥能耗，但改变系统压强对能耗的影响程度更大（$p<0.05$）。

由图 4.5（b）各干燥条件综合评分值可知，提升微波功率密度虽然能够减少干燥时间，但物料在高微波功率密度的条件下颜色变暗、收缩加重、内部结构破坏严重；而降低系统压强虽然能在提升双孢菇品质方面有优势，但增加了干燥成本。在微波功率密度为 0.25W/g、系统压强为 100Pa 条件下，综合评分值最高，为 0.67847。

4.2.5　基于模糊数学推理法的感官评定

各评价员对不同干燥条件下得到的双孢菇干制品评价结果如表 4.4 所示。系统压强为 100Pa、微波功率密度为 0.25W/g 时，感官评价最终输出模糊集为 $Y_1=\{0.27，0.15，0.1，0.13，0\}$，对 Y_1 进行归一化处理得 $Y_1{}'=\{0.415，0.231，0.154，0.2，0\}$。同样的方法得到固定系统压强，改变微波

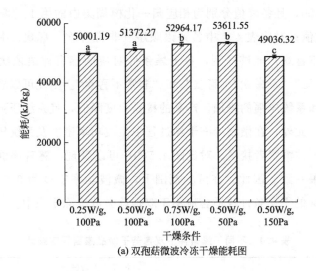

(a) 双孢菇微波冷冻干燥能耗图

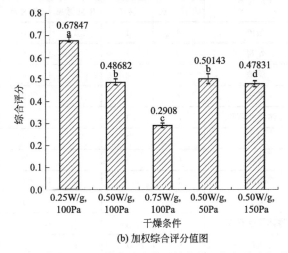

(b) 加权综合评分值图

图 4.5　不同条件下双孢菇微波冷冻干燥能耗和加权综合评分值

功率密度为 0.50W/g、0.75W/g 时输出的归一化模糊集分别为 $Y_2' = \{0.139,$ 0.208，0.375，0.278，0.278\}，$Y_3' = \{0.149，0.149，0.299，0.403,$ 0.299\}；同理，固定微波功率密度，改变系统压强为 50Pa、150Pa 时输出的归一化模糊集分别为 $Y_4' = \{0.230，0.310，0.230，0.230，0\}$，$Y_5' = \{0.167，0.167，0.333，0.333，0.450\}$。由以上计算可以看出，干燥条件为 0.25W/g、100Pa，0.5W/g、100Pa、0.75W/g、100Pa、0.5W/g、50Pa 和 0.5W/g、150Pa 时，其对应模糊矩阵中的峰值分别为 0.415、0.375、0.403、

0.310 和 0.450，且各峰值分别为相应归一化模糊集中的第 1、第 3、第 4、第 2、第 5 个数值；对比表 4.4 中各评语顺序（非常喜欢、喜欢、中立意见、不喜欢、非常不喜欢）能够发现，各干燥条件对应的感官评语依次为"非常喜欢""中立意见""不喜欢""喜欢"和"非常不喜欢"。由此可以看出，随着微波功率密度和系统压强的增加，产品的接受程度降低，且系统压强对感官评价的影响较大。此外，在微波冷冻干燥过程中微波功率密度及系统压强过高会造成干制产品不被消费者接受。对比图 4.5(b) 可以发现，感官评价结果与综合加权评分结果一致。因此，在试验范围下，微波功率密度为 0.25W/g、系统压强为 100Pa 的干燥条件较适合应用于双孢菇微波冷冻干燥中。

表 4.4　不同干燥条件下双孢菇干制品感官评定统计

干燥条件	评价指标	各评语人数统计					总人数
		非常喜欢	喜欢	中立意见	不喜欢	非常不喜欢	
0.25W/g，100Pa	颜色	8	1	1	0	0	10
	外观	9	1	0	0	0	10
	质地	8	2	0	0	0	10
	风味	8	0	0	2	0	10
	整体接受程度	8	1	0	1	0	10
0.50W/g，100Pa	颜色	1	1	7	1	0	10
	外观	0	1	5	2	2	10
	质地	1	3	5	1	0	10
	风味	0	2	6	1	1	10
	整体接受程度	1	1	7	0	1	10
0.75W/g，100Pa	颜色	0	1	1	8	0	10
	外观	1	0	0	7	2	10
	质地	1	0	2	5	2	10
	风味	1	1	1	6	1	10
	整体接受程度	0	0	2	7	1	10
0.50W/g，150Pa	颜色	1	5	2	2	0	10
	外观	2	7	0	1	0	10
	质地	0	6	3	1	0	10
	风味	3	5	1	1	0	10
	整体接受程度	3	7	0	0	0	10

干燥条件	评价指标	各评语人数统计					总人数
		非常喜欢	喜欢	中立意见	不喜欢	非常不喜欢	
0.50W/g, 50Pa	颜色	0	1	2	2	5	10
	外观	0	0	2	1	7	10
	质地	0	0	1	1	8	10
	风味	0	1	1	1	7	10
	整体接受程度	1	1	1	2	5	10

4.2.6　小结

通过以上分析能够得到以下结论。

① 微波功率密度和系统压强对双孢菇微波冷冻干燥速率均有影响，但微波功率密度的影响显著（$p<0.05$）；

② 采用 Henderson and Pabis 模型能够准确（$R^2>0.9$）描述双孢菇微波冷冻干燥过程中水分变化规律，且双孢菇微波冷冻干燥中有效水分扩散系数为 10^{-10} 数量级，微波功率密度对有效水分扩散系数的影响更明显（$p<0.05$）；

③ 微波对双孢菇干制品的物理品质指标（白度、复水率、收缩率）的影响显著（$p<0.05$），系统压强对营养含量指标（维生素 C 保存率）、感官评价以及干燥能耗的影响比微波功率密度对相应指标的影响更显著（$p<0.05$）；

④ 微波冷冻干燥过程中，微波功率密度及系统压强过高会造成干制产品不被消费者接受；

⑤ 通过对干燥时间、干燥能耗、复水比、白度以及维生素 C 保存率进行加权综合评价，发现试验范围下，微波功率密度和系统压强分别为 0.25W/g 和 100Pa 时综合评分值最高，为 0.67847，该条件较适合双孢菇微波冷冻干燥。

4.3　基于褐变行为的双孢菇微波冷冻干燥策略的研究

由于采摘过程中的组织破损以及其他外界原因，采摘后的双孢菇极易发生褐变反应。众所周知，消费者在挑选双孢菇时总是挑选那些表面白净的产品，然而颜色褐变反应也经常在双孢菇干制品生产过程中发生，这就会大大降低干制品被消费者所接受的程度。Devahastin 等[13] 已经发表了包括颜色降解动力学在内的与果蔬质量变化模型有关的综述，他们指出果蔬颜色褐变是一个动态的过程，双孢菇干燥过程中的褐变行为主要是由酶促褐变或非酶褐变引起的。

酶促褐变反应是指在相关酶催化作用下发生的颜色变化反应，酶活性、温度、氧气含量以及基质浓度是影响酶促褐变的主要因素。双孢菇酶促褐变的基质是邻二苯酚以及其他同邻二苯酚具有相似结构的酚类物质。非酶褐变包括美拉德反应、焦糖化反应和维生素降解反应等，这一类反应不需要酶的参与。维生素 C 含量、pH 值、果蔬种类、温度以及氧含量是影响非酶褐变的主要因素。

4.3.1 试验方法

① 固定系统压强：试验过程中将系统压强固定在 50Pa，将微波分别调节至 1kW 和 1.2kW；

② 固定微波加载量：试验过程中将微波加载量固定在 1.2kW，将系统压强分别调至 50Pa 和 500Pa。

为了试验过程中进行各种指标测定，干燥过程中每隔 30min 将干燥箱快速打开取出物料；每次取样过后，将新鲜双孢菇放入到干燥箱中重新干燥，如此重复操作直至干燥结束。

微波冷冻干燥过程是在 −40℃冷阱温度下操作的，每次干燥干燥箱中的物料均为 2kg，每组干燥重复操作 3 次，取平均值进行统计分析。

4.3.2 样品分析

(1) 白度测定

使用 X-rite Color I5 型色差计测定不同干燥条件下双孢菇的 L^*、a^*、b^* 值。其中，L^* 表示产品颜色黑（值为 0）和白（值为 100）的程度；a^* 表示产品颜色红（正值）和绿（负值）的程度；b^* 表示产品颜色黄（正值）和蓝（负值）的程度。白度（whiteness index，WI）值采用下式计算：

$$WI = 100 - \sqrt{(100-L^*)^2 + a^{*2} + b^{*2}}$$

(2) 褐变度测定

褐变度测定采用 Zhang[14] 等提出的方法，1g 样品在包含 5％聚乙烯吡咯烷酮的硼酸盐缓冲液（0.1mol/L，pH6.8）中进行充分研磨；研磨过后，将研磨物质放置在 8000r/min 的低温离心机中离心 15min（4℃）；然后，去离心后的上层清液放置于紫外可见分光光度计中，在 410nm 波长处测定上清液的吸光度值，褐变度（BD）值用以下公式求得。

$$BD = A_{410} \times 20 \tag{4-16}$$

式中，BD 为褐变度；A_{410} 为上清液在 410nm 波长处的吸光度值。

（3）含水率测定

双孢菇样品含水率采用 GB 5009.3—2016 中的直接干燥法。

（4）多酚氧化酶活性测定

多酚氧化酶粗提液的制备采用 Colak 等[15] 提出的方法。从不同干燥阶段取出样品 2g 放置于真空瓶中，然后整个真空瓶置于液氮中 15min 以破坏双孢菇细胞结构；经上述处理过的双孢菇放置于 7.0mL，pH 为 7.6 的磷酸缓冲液中，然后再放置在 8000r/min 的低温离心机中离心 15min（4℃）；得到的滤液用 3 层纱布过滤，滤液作为粗酶提取液保存在 －15℃的环境下。多酚氧化酶的活性通过分光光度计测定法得到，将粗酶提取液置于紫外可见分光光度计中，在 510nm 波长处测定粗酶液的吸光度值，多酚氧化酶的活性通过吸光度值的变化来计算。在整个测量过程中反应基质（2mL 0.04mol/L 的邻苯二酚溶液）和 0.5mL 的粗酶提取液混合在 2mL pH 为 7.6 的 0.05mol/L 的磷酸混合液中。1 个多酚氧化酶活性定义为每分钟吸光度值变化 0.001 的酶量。

（5）总酚含量测定

总酚含量的测定采用没食子酸标准曲线法。取 1g 样品，用含 5mL、浓度为 80％的酒精溶液的搅拌机进行均质，均质后用 8000r/min 的离心机在 4℃的环境下离心 20min，离心后用 3 层纱布进行过滤；取 0.8mL 过滤液和 20mL 1％盐酸甲醇溶液在 100mL 的烧杯中充分混合；混合液静置 24h 后，用紫外可见分光光度计在 280nm 波长下测定溶液吸光度值。

（6）还原糖含量测定

还原糖含量的测定采用 3，5-二硝基水杨酸（DNS）法。取 2g 样品在 7mL 的蒸馏水中均质 15min，然后用 8000r/min 的离心机在 4℃的环境下离心 20min；取 2mL 的离心上清液用 3 层纱布进行过滤，将滤液移至 10mL 的烧杯中，然后在烧杯中添加 2mL 的 DNS 溶液，充分混合；将混合液煮沸 20min，等待冷却后用紫外可见分光光度计在 540nm 波长下测定溶液吸光度值。还原糖含量采用葡萄糖标准曲线计算。

（7）维生素 C 含量测定

维生素 C 含量采用 2,6-二氯酚靛酚滴定法测定，每组试验重复 3 次。

（8）统计分析

试验数据采用 SPSS-19 进行方差及相关性分析，试验中显著水平定为 $p <$ 0.05；每组试验重复 3 次，取其平均值进行各指标统计分析。

4.3.3　双孢菇微波冷冻干燥过程中褐变动力学

双孢菇微波冷冻干燥过程中，白度和褐变度变化曲线如图 4.6 所示。如图 4.6 所示，双孢菇白度随着干燥的深入而降低，相反的，褐变度随着干燥的进行而增加。这意味着双孢菇微波冷冻过程中颜色褐变是一个动态的过程。双孢菇白度和褐变度在干燥总时间的一半时开始呈现出较为平缓的变化趋势，本章双孢菇褐变行为同苹果热风干燥的结果相似。对比不同干燥条件下双孢菇的褐变趋势能够发现，随着微波加载量的增加和系统压强的降低，双孢菇的褐变会变得更加严重，这说明干燥速率过快会导致更加严重的褐变发生。图 4.7 显示了双孢菇微波冷冻干燥过程中水分和温度的变化情况。当物料温度处于一个较低水平时，双孢菇仍然呈现出一定的褐变现象，这说明水分在产品褐变方面也起到一定的作用。

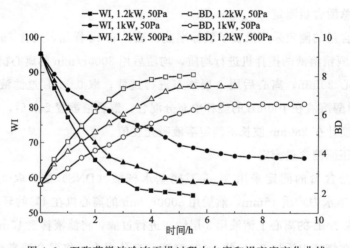

图 4.6　双孢菇微波冷冻干燥过程中白度和褐变度变化曲线

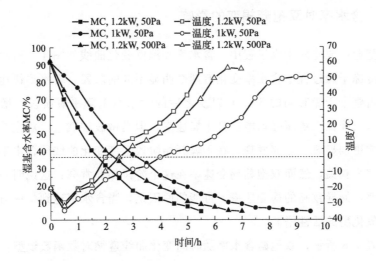

图 4.7　双孢菇微波冷冻干燥过程中水分及温度变化曲线

通过 SPSS-19 的非线性拟合模块得到双孢菇微波冷冻干燥过程中褐变行为的动力学数学表达式，其结果如表 4.5 所示。表中呈现的褐变行为数学表达式同文献所报道的其他原料干燥褐变曲线不一致，这可能是因为双孢菇在MFD 过程中褐变机制发生改变；还可以发现白度变化同褐变度的变化显著相关，这意味着白度和褐变度均能用来描述双孢菇微波冷冻干燥过程中的褐变动力学。

表 4.5　白度和褐变度的分析统计结果

干燥条件	1.2kW,50Pa	1kW,50Pa	1.2kW,500Pa
拟合方程（WI-T）	$Y=93.7656-17.766X$ $+2.014X^2$ $(R^2=0.9922;\alpha=0.01)$	$Y=92.9621-6.6650X$ $+0.405512X^2$ $(R^2=0.9918;\alpha=0.01)$	$Y=92.7888-12.838X$ $+1.1735X^2$ $(R^2=0.9827;\alpha=0.01)$
拟合方程（BD-T）	$Y=2.5638+2.2854X$ $-0.237106X^2$ $(R^2=0.9986;\alpha=0.01)$	$Y=2.3408+1.0687X$ $-0.066417X^2$ $(R^2=0.9981;\alpha=0.01)$	$Y=2.5908+1.5417X$ $-0.119852X^2$ $(R^2=0.9967;\alpha=0.01)$
R^2（WI-BD）	$0.996(\alpha=0.01)$	$0.993(\alpha=0.01)$	$0.979(\alpha=0.01)$

注：T 表示干燥时间，α 表示统计学上的置信度。

4.3.4 含水率对双孢菇褐变的影响

双孢菇微波冷冻干燥过程中，含水率和温度变化曲线如图4.7所示。双孢菇微波冷冻干燥过程中含水率变化有两个明显不同的阶段，含水率快速下降阶段（约占整个干燥时间的55%）以及之后的含水率下降平缓阶段。增加微波加载量以及降低系统压强均能提升干燥速率，但是微波加载量对双孢菇干燥速率的影响更加显著。能够发现，在干燥开始阶段温度变化曲线同含水率变化曲线并不完全相关，然而双孢菇褐变速率在这个阶段却非常高；这说明一个特殊的含水率可能导致高的褐变速率，可能的原因是，当含水率达到某一值时会导致多酚氧化酶的活性增高。

如表4.6所示，双孢菇含水率随时间变化曲线遵循对数函数模型，同一干燥条件下的白度和褐变度变化曲线同含水率变化曲线呈现出较高的相关性，这说明调控双孢菇的褐变可以从考察含水率变化的趋势入手。

表4.6 含水率分别与白度和褐变度关系的分析统计结果

干燥条件	1.2kW,50Pa	1kW,50Pa	1.2kW,500Pa
拟合方程(MC-T)	$Y=91.2561\exp$ $(-0.533191X)$ $(R^2=0.9817;\alpha=0.01)$	$Y=97.9696\exp$ $(-0.318333X)$ $(R^2=0.9927;\alpha=0.01)$	$Y=92.3851\exp$ $(-0.408302X)$ $(R^2=0.9952;\alpha=0.01)$
R^2(MC-WI)	0.997($\alpha=0.01$)	0.992($\alpha=0.01$)	0.993($\alpha=0.01$)
R^2(MC-BD)	0.996($\alpha=0.01$)	0.993($\alpha=0.01$)	0.979($\alpha=0.01$)

4.3.5 多酚氧化酶活性剂总酚含量对双孢菇褐变的影响

多酚氧化酶能够直接催化酶促褐变的发生。酚类物质是酶促褐变的反应底物，当酶促褐变发生时，酚类底物会急速下降，因此多酚氧化酶和总酚含量能够直接反映出双孢菇微波冷冻干燥过程中酶促褐变发生的情况。如图4.8所示，不同干燥条件下干燥时间分别为3.5h、7h和5h时多酚氧化酶活性到达最大值，随后开始快速下降；在多酚氧化酶活性快速下降阶段，双孢菇总酚含量降低，速度呈现出缓慢下降趋势。双孢菇微波冷冻干燥过程中多酚氧化酶活性和总酚含量试验数据的统计分析结果如表4.7所示，本试验所得结果同橄榄叶红外干燥过程中总酚含量以及颜色变化的结果一致。从表 4.7 中能够看出，双孢菇微波冷冻干燥过程中多酚氧化酶活性和总酚含量随干燥时间的变化趋势遵循二次函数模型，这同双孢菇微波冷冻干燥过程中白度及褐变度的变化模型一致。通过相关性分析能够看出，多酚氧化酶活性和总酚含量均与双孢菇的褐变行为有着显著的相关性。

　　图 4.8 中可以看到，多酚氧化酶活性在干燥初始阶段有一个快速的下降行为，这是因为双孢菇环境温度从贮藏时的 −25℃ 急速降低至 −35℃ 左右（图4.7），从而造成多酚氧化酶活性降低。随着微波冷冻干燥机中微波的介入，物料温度逐步上升，物料水分由于大量的升华而快速下降；多酚氧化酶活性随着物料水分的减少而逐渐增加，结果造成双孢菇在干燥过程中不断地褐变。然而，干燥后期双孢菇含水率过低，又会导致多酚氧化酶活性下降，从而减慢双孢菇干燥过程中的褐变。通过以上分析能够发现，在干燥初期需要加载一个相对较低的微波功率（大概从开始至干燥 2.5h）去降低物料温度以及干燥速率，从而降低多酚氧化酶活性。尽管一般情况下认为在物料含水率较高的干燥初期需要加大微波加载量以减少干燥时间，但是考虑到双孢菇易褐变，所以双孢菇微波冷冻干燥过程中需要在易发生褐变的阶段严格控制微波加载量。

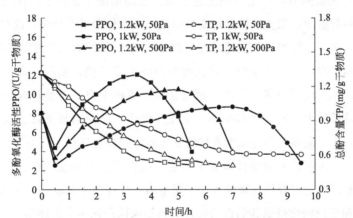

图 4.8　双孢菇微波冷冻干燥过程中多酚氧化酶活性和总酚含量变化曲线

表 4.7　双孢菇微波冷冻干燥过程中多酚氧化酶活性和总酚含量试验数据统计分析

干燥条件	1.2kW,50Pa	1kW,50Pa	1.2kW,500Pa
拟合方程(PPO-T)	$Y=0.640877$ $+7.39X-1.2136X^2$ $(R^2=0.9803;\alpha=0.01)$	$Y=0.599550$ $+2.83X-0.257645X^2$ $(R^2=0.8983;\alpha=0.01)$	$Y=0.538033$ $+4.84X-0.595933X^2$ $(R^2=0.9405;\alpha=0.01)$

干燥条件	1.2kW,50Pa	1kW,50Pa	1.2kW,500Pa
拟合方程(TP-T)	$Y=1.3281$ $-0.3257X+0.032724X^2$ $(R^2=0.9983;\alpha=0.01)$	$Y=1.3296$ $-0.1649X+0.009357X^2$ $(R^2=0.9982;\alpha=0.01)$	$Y=1.3214$ $-0.2355X+0.017161X^2$ $(R^2=0.9994;\alpha=0.01)$
R^2(PPO-WI)	$0.643(\alpha=0.05)$	$0.630(\alpha=0.05)$	$0.655(\alpha=0.05)$
R^2(PPO-BD)	$0.490(\alpha=0.05)$	$0.482(\alpha=0.05)$	$0.590(\alpha=0.05)$
R^2(TP-WI)	$0.991(\alpha=0.01)$	$0.993(\alpha=0.01)$	$0.975(\alpha=0.01)$
R^2(TP-BD)	$0.998(\alpha=0.01)$	$0.996(\alpha=0.01)$	$0.998(\alpha=0.01)$

4.3.6　维生素 C 和还原糖含量对双孢菇褐变的影响

双孢菇微波冷冻干燥过程中维生素 C 和还原糖含量的变化曲线如图 4.9 所示。对比图 4.9 能够发现，维生素 C 和还原糖的变化曲线与白度和褐变度的变化趋势并不相同；可能的原因是维生素 C 的降解对非酶褐变有着很大的影响。在双孢菇微波冷冻干燥的第二个阶段，产品温度达到一个相对较高的水平，导致维生素 C 大量降解，产生一些黑色物质。然而如图 4.9 所示，在双孢菇微波冷冻干燥的后阶段，双孢菇的颜色变化呈现出一个较为缓慢趋势，这与维生素 C 降解趋势不同。还原糖是美拉德反应的底物之一，与生理代谢的强度关系很大。在干燥初期，双孢菇含水率较高而且物料温度上升较快，物料生理代谢越来越强，因此，作为代谢中间产物的还原糖含量在逐渐上升；当物料含水率降低到一个相对较低的水平时，物料生理活动变得缓慢，还原糖被美拉德反应逐渐消耗。对比图 4.6 能够发现还原糖含量的变化趋势同双孢菇褐变行为的变化趋势相差甚远。基于维生素 C 降解反应和美拉德反应都在非酶褐变中扮演着重要的角色，说明非酶褐变对双孢菇微波冷冻干燥中的褐变行为影响较小。表 4.8 中关于维生素 C 和还原糖含量试验数据的统计分析结果同样证实了上述结论。

表 4.8　双孢菇微波冷冻干燥过程中维生素 C 和还原糖含量试验数据统计分析

干燥条件	1.2kW,50Pa	1kW,50Pa	1.2kW,500Pa
拟合方程(VC-T)	$Y=21.7808$ $\exp(-0.184183X)$ $(R^2=0.9956;\alpha=0.01)$	$Y=21.3142$ $\exp(-0.254410X)$ $(R^2=0.9974;\alpha=0.01)$	$Y=21.7726$ $\exp(-0.440554X)$ $(R^2=0.9957;\alpha=0.01)$

续表

干燥条件	1.2kW,50Pa	1kW,50Pa	1.2kW,500Pa
拟合方程(RS-T)	$Y=0.628551+0.092X$ $-0.015543X^2$ $(R^2=0.7162;\alpha=0.01)$	$Y=0.706513+0.019X$ $-0.002636X^2$ $(R^2=0.2232;\alpha>0.05)$	$Y=0.659282+0.080X$ $-0.011256X^2$ $(R^2=0.6196;\alpha=0.01)$
R^2(VC-WI)	0.948($\alpha=0.01$)	0.995($\alpha=0.01$)	0.990($\alpha=0.01$)
R^2(VC-BD)	0.995($\alpha=0.01$)	0.994($\alpha=0.01$)	0.970($\alpha=0.01$)
R^2(RS-WI)	0.596($\alpha=0.05$)	0.094($\alpha>0.05$)	0.484($\alpha>0.05$)
R^2(RS-BD)	0.303($\alpha>0.05$)	0.157($\alpha>0.05$)	0.152($\alpha>0.05$)

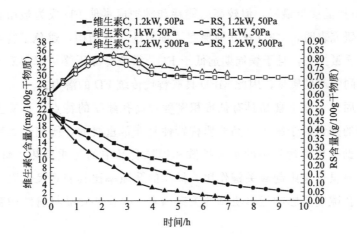

图 4.9　双孢菇微波冷冻干燥过程中维生素 C 和还原糖变化曲线

4.3.7　小结

通过以上分析能够得到以下结论。

① 白度和褐变度数学模型都能用来描述双孢菇微波冷冻干燥过程中的褐变动力学;

② 双孢菇微波冷冻干燥过程中既发生了酶促褐变也发生了非酶褐变,但酶促褐变对双孢菇微波冷冻干燥过程中的褐变行为影响较大;

③ 为了减少双孢菇微波冷冻干燥过程中的颜色褐变,在干燥初期需要降低微波加载量,此外在干燥后期同样需要降低微波加载量,从而在多酚氧化酶

活性较低的情况下降低非酶褐变的反应。

4.4 怀山药微波冷冻干燥过程的孔道结构演变

怀山药块茎中含有黄酮、多糖、甾体皂苷等多种有效成分，具有增强免疫力、降低血糖的作用。新鲜怀山药的耐贮性较差，为延长货架期，它也被加工成各种产品售卖。热风干燥怀山药片是市场和中药店常见的产品。然而，热风干燥产品营养流失严重，物料生物组分的降解和产品质量的损失远超想象。高质量的脱水产品不仅要减少物料的营养流失，还要保证物料的感官品质。一般认为，FD 产品质量最好，但较高的能耗和维护成本使 FD 成为最昂贵的干燥方法。有研究表明，MFD 较好地保存了细胞的原有结构，避免了物料在干燥过程中的质量损失，且干燥周期远低于 FD。微波冷冻干燥可以得到与冷冻干燥几乎相同的产品质量，因此 MFD 具有替代传统 FD 的潜力。

众所周知，冻干食品具有低堆积密度和高孔隙率的特点。事实上，了解多孔结构的知识对于冻干食品的质构特性是非常重要的，研究干燥物料的多孔结构有助于预测食品中的水分扩散和模拟食品中的传质传热。研究发现，孔隙率在质量传递中起着关键作用，样品的孔隙率比其表观尺寸更关键。由此可见，孔隙度是影响运输机制的关键因素，是反映食品材料结构变化的重要指标。

与 FD 相比，MFD 干燥速度快，孔结构形成复杂。随着食品原料的多样化和加工条件的广泛变化，需要进一步研究孔隙形成机理的复杂性，以形成更加统一的孔隙形成理论。目前关于 MFD 过程中孔隙的形成和变化行为的报道较少，因此本节研究旨在探讨山药 MFD 过程中孔隙结构的演化特征。

4.4.1 仪器与设备

微波真空冷冻干燥机（自制）；102-2 型电热鼓风干燥箱（北京科伟永兴仪器）；A.2003N 型电子天平（上海佑科仪器仪表有限公司）；HH-S4 型电热恒温水浴锅（北京科伟永兴仪器有限公司）；AutoPore Ⅳ 9500 压汞仪（美国麦克仪器公司）；S4800 扫描电镜（日本日立公司）。

4.4.2　干燥试验设计

① 以微波功率密度为变量：干燥过程中设置压强为 100Pa，物料厚度为 4mm，微波功率密度分别为 0.125W/g、0.225W/g 和 0.370W/g。

② 以切片厚度为变量：干燥过程中设置压强为 100Pa，微波功率密度为 0.225W/g，物料厚度分别为 2mm、4mm、6mm。

③ 所有 MFD 工艺均在 −40℃冷阱温度下进行，达到干燥终点后结束干燥。以上所有试验重复 3 次，并用平均结果进行分析。

4.4.3　样品分析

（1）总孔隙率测定

样品的孔隙率用比重瓶测定。干燥过程中每隔 30min 取一次样，将其压碎至 0.15mm 以下，然后将样品浸泡在装满正己烷的比重瓶内，在 20℃条件下保持 30min。试验一式三份，结果取平均值。孔隙率计算公式如下：

$$\rho_s = \frac{m_s \rho}{m_s + m_1 - m_2} \tag{4-17}$$

$$\varepsilon = \left(1 - \frac{m_s}{V\rho_s}\right) \tag{4-18}$$

式中，m_s 为试样质量，g；ρ 为 20℃的正己烷的密度；m_1 为注满正己烷的比重瓶质量，g；m_2 为装有试样和正己烷的比重瓶质量，g；V 为试样体积，cm^3；ρ_s 为试样材料的真密度，g/cm^3；ε 为试样孔隙率。

（2）孔隙体积测定

怀山药样品的孔隙体积可根据孔隙率计算求出，如公式（4-19）所示。

$$v = \varepsilon V \tag{4-19}$$

式中，ε 为试样孔隙率；V 为试样体积，cm^3。

（3）开孔孔隙率测定

通过浸渍法测量怀山药的开孔孔隙率，浸渍液为正己烷。样品在 50mL 烧杯中浸泡 2h 后取出饱和样品，擦去样品表面的游离正己烷，用电子天平称重。试验一式三份，结果取平均值。计算公式如下：

$$\varepsilon_0 = \frac{m_2 - m_1}{\rho V} \tag{4-20}$$

式中，ε_0 为开孔孔隙率；m_1 为试样干量，g；m_2 为试样浸入饱和介质的质量，g；ρ 为浸渍介质密度，g/cm^3；V 为试样体积，cm^3。

（4）闭孔孔隙率测定

根据公式（4-21）计算闭孔孔隙率如下：

$$\varepsilon_1 = \varepsilon - \varepsilon_0 \tag{4-21}$$

（5）扫描电镜分析

采用扫描电镜来检测怀山药切片孔隙的形貌。从样品上切取合适的尺寸，对样品喷金后用扫描电子显微镜观察薄片断面孔隙状态，工作电压为 4.0kV。

（6）压汞仪分析

采用 AutoPore Ⅳ 9500 压汞仪测试怀山药多孔介质中孔径的分布情况，测试压力控制在低压范围，低压压力为 4～345kPa，高压压力为 0.1～414MPa。中值孔径由 AutoPore 软件给出。

4.4.4　结果与分析

4.4.4.1　切片厚度对微波冷冻干燥山药多孔结构的影响

如图 4.10 所示，随着干燥过程的进行，样品的孔隙率逐渐增加，说明怀山药在干燥过程中逐渐形成了多孔结构。不同厚度样品的总孔隙率和孔隙体积呈现上升趋势，但在干燥过程的早期有轻微下降趋势。0～60min 内总孔隙率下降可能与此阶段试样的体积收缩有关，怀山药体积的缩小减缓了孔隙体积的增加，从而导致试样孔隙率降低；在干燥时间 60～90min 范围内，孔隙率持续增加，这可能是因为微波冷冻干燥中后期样品的体积收缩不明显，对孔隙率无明显影响；90min 后总孔隙率基本保持稳定，这表明样品内的多孔结构并不是无限增多的，而是增加到一定临界值后就不再增多。此外，较小的切片厚度有利于总孔隙率的形成，可能的原因是较薄的切片样品含水率降低得较快，在低含水率条件下，物料的多孔网络骨架相对容易形成玻璃态，从而减小了体积的收缩，有利于孔隙的形成，但水分子逸出较快，容易出现烧焦、硬化、崩坏的现象，致使产品质量下降；同样地，厚度较大时，微波难以穿透物料，水分传递较慢，孔隙结构易坍塌，容易引起表面崩坏断裂现象，因此切片过厚过薄都不利于怀山药的微波冷冻干燥。

如图 4.11 所示，样品的开孔率随着干燥时间的延长而增加，表明微波冷

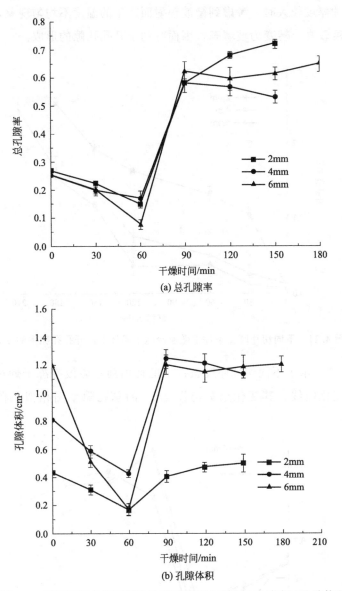

图.10　不同厚度条件下微波冷冻干燥怀山药的总孔隙率和孔隙体积

冻干燥过程中开孔孔隙是不断形成的。切片厚度为 4mm 时，开孔孔隙率最
小，较厚或较薄都可能导致较高的开孔率。这可能是因为，针对不同尺寸量级
的物料，在实际干燥过程中仍需要考虑微波穿透深度和温度不均匀的问题，当
切片厚度较小时，微波能较好地穿透物料，水分升华较快，有利于孔隙的形

成；而切片厚度较大时，考虑到微波辐射而产生的温度不均匀现象，样品的部分区域温度较高，转变为玻璃态，因而有利于开孔孔隙的形成。

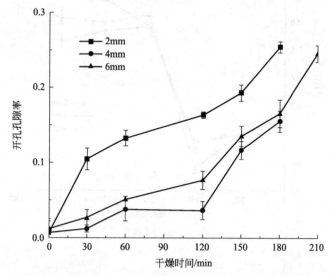

图 4.11　不同切片厚度条件下微波冷冻干燥怀山药开孔孔隙率的变化

图 4.12 显示了不同切片厚度条件下的怀山药在微波冷冻干燥过程中闭孔孔隙率的变化曲线，其变化趋势与图 4.10 的总孔隙率图相似。在干燥初期

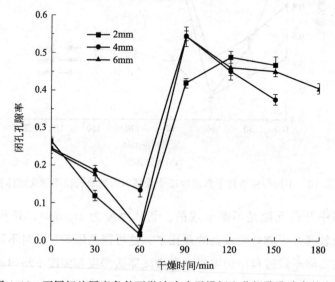

图 4.12　不同切片厚度条件下微波冷冻干燥怀山药闭孔孔隙率的变化

（0～60min），试样的闭孔孔隙率迅速下降；中期（60～90min），闭孔孔隙率
迅速上升；干燥后期（90min 后），闭孔孔隙率基本保持不变。联系图 4.11 开
孔孔隙率的变化趋势，可以得出猜想，在干燥过程中，许多封闭的孔不断转变
为开放的孔。此外，图 4.12 还表明，较厚的怀山药片会导致较高的闭孔孔隙
率；可能的原因是，当切片较厚时，温度分布不是很均匀，然后样品的某些过
热部分发生塌陷，导致封闭孔增加。

4.4.4.2　微波功率密度对微波冷冻干燥怀山药多孔结构的影响

如图 4.13 所示，不同干燥条件下的孔隙率变化趋势与不同厚度条件下的孔隙
率变化相类似，且孔隙体积变化趋势与孔隙率变化趋势相似，表明孔隙率和孔隙体
积均受体积收缩的影响。0～60min 内的孔隙率与孔隙体积均有不同程度的下降，
可能的原因是此阶段的体积收缩较大，失水过程中产生的拉应力压缩了孔隙的形
成，从而导致孔隙率和孔隙体积略有下降；60min 后样品的体积收缩不明显，孔隙
率与孔隙体积稳步升高后趋于稳定。此外，高微波功率密度导致孔隙率相对较高，
当微波功率密度为 0.125W/g 时，孔隙率最低。高微波能加速水分升华，增加产品
的总孔隙率，但极高的微波功率密度也会导致物料的变形和塌陷，因此，为了获得
高孔隙率的产品，应在合适的范围内使用相对较高的微波功率密度，尤其是在干燥
后期，微波功率密度越高，样品的孔隙率越高，产品质量越好。

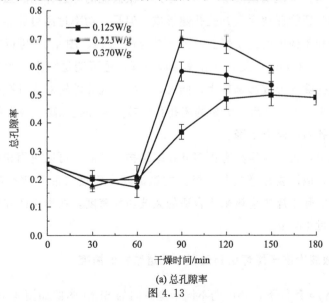

(a) 总孔隙率

图 4.13

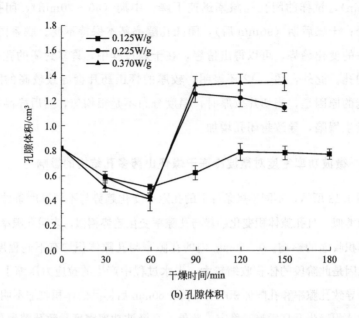

(b) 孔隙体积

图 4.13 不同微波功率密度条件下微波冷冻干燥怀山药的总孔隙率和孔隙体积

由图 4.14 可知，干燥过程中开孔孔隙率不断升高，且在高微波功率密度下可获得高的开孔孔隙率；当微波功率密度为 0.125W/g 时，可获得最低的开孔孔隙率。这说明微波功率密度越大，微波能的穿透作用越强，在提高干燥速率的同时还能促使大量开孔孔隙形成。但是，功率过高可能会引起辉光放电现象，不利于怀山药的干燥。此外，结合图 4.14、图 4.15 可以观察到，在干燥初期（0～60min），闭孔孔隙率缓慢下降，这可能是因为干燥前期样品的体积收缩对孔隙的形成影响较大，同时，一些闭孔孔隙转变为开孔孔隙，导致闭孔孔隙减少；90min 后，大量的闭孔孔隙转变为开孔孔隙，开孔孔隙率迅速增加，闭孔孔隙率略有下降。

一般来说，为了获得具有更多开孔率结构的产品，可以应用相对较高的微波功率密度，但需要注意的是，极高的微波功率密度可能导致产品质量的劣变；因此，实际干燥中应该采用合适的微波功率密度，在本文研究中微波功率密度不宜超过 1W/g。

4.4.4.3　微波冷冻干燥怀山药过程中孔道结构的演变

0.225W/g 条件下，怀山药不同干燥时间的 SEM 图像如图 4.16 所示。在

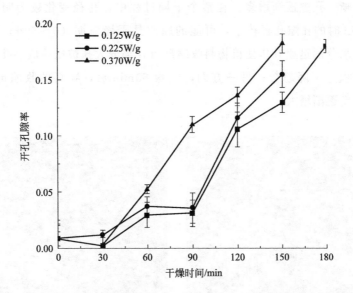

图 4.14　不同微波功率密度条件下微波冷冻干燥怀山药开孔孔隙率的变化

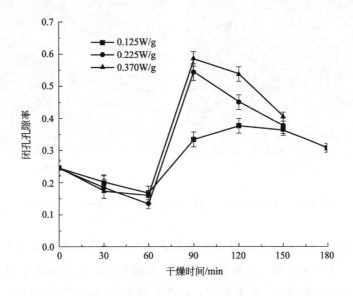

图 4.15　不同微波功率密度条件下微波冷冻干燥怀山药闭孔孔隙率的变化

干燥初期，样品的孔隙较小，孔隙边界不明显，随着干燥的进行，细胞孔隙结构逐渐明晰，孔隙逐渐增多。在整个干燥过程中，孔径变化较为明显，一方面，60min时的孔隙孔径较小，可能的原因是干燥前期（0～60min）干燥速度较快，水分的迅速升华使得物料收缩严重，部分大孔被压缩成小孔，此阶段的孔隙体积呈下降趋势；另一方面，干燥60min后，物料的收缩情况变弱，孔径又重新逐渐增大。

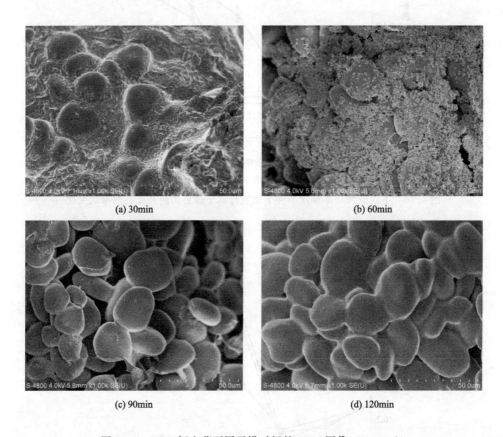

（a）30min　　　　　　　　　　　　（b）60min

（c）90min　　　　　　　　　　　　（d）120min

图4.16　MFD怀山药不同干燥时间的SEM图像（×1.00k）

根据图4.16，在整个干燥过程中发现了较大闭孔孔隙、较小闭孔孔隙和开孔孔隙。在干燥初期，大量较小的闭孔孔隙形成，然后随着水分的快速升华，闭孔孔隙逐渐增大；在此期间，闭孔孔隙逐渐增多的同时也转化为开孔孔隙；干燥至中后期，大部分闭孔孔隙转变为开孔孔隙，这可能是由于水分的传递，各种孔隙之间连接了一些通道，即一些闭孔孔隙转变为开孔孔隙，开孔孔隙的比例增加。由此可以得出结论，MFD怀山药在干燥过程中，首先形成大量的闭孔，然后通过水分传递使闭孔大量打开，开孔孔隙逐渐增多。

为了进一步确定微波冷冻干燥怀山药在干燥过程中的孔径变化，利用压汞仪进行了更直观的分析，结果如图 4.17 所示，图中的峰面积表示汞侵入量，汞侵入量即表示孔隙量。从图 4.17 中可以看出，在整个干燥过程中，孔径分布范围约为 $10 \sim 10^6$ nm。在干燥初期，大部分孔的孔径在 $10 \sim 10^4$ nm 范围内，中值孔径先增大、再减小、再增大；干燥 60min 时，样品的孔径略有减小，10^5 Nm 以上的大孔几乎完全消失；干燥中后期，大孔和小孔数量明显增加，10^5 nm 以上的大孔重新出现，中值孔径再次增大，但低于 10^4 nm 的孔隙仍占比较大。退汞曲线没有返回到零，说明样品中存在大量的"瓶颈孔"，即表明样品中含有大量的开孔孔隙，与之前的分析一致。干燥时间为 30min、60min、90min 和 120min 时，汞的最大侵入量分别为 0.507mL/g、0.262mL/g、0.448mL/g 和 0.512mL/g，这表明在干燥前 60min 内，体积收缩对孔隙的形成有影响，孔隙体积略有降低，孔隙数量减少；随着干燥的继续，干燥至60min 后，物料的体积几乎不再缩小，并且孔隙的数量开始再次增加，这与以上的分析一致。

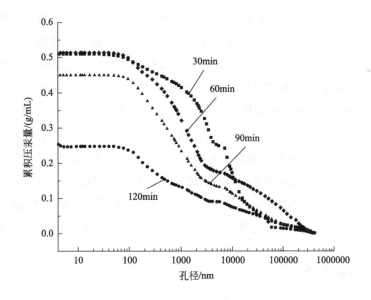

图 4.17 不同干燥时间微波冷冻干燥怀山药压汞曲线

4.4.5　小结

① 怀山药的总孔隙率、孔隙体积和闭孔孔隙受体积收缩影响较大，在 0～60min 时略有下降，60min 后重新上升；开孔孔隙率呈现一直上升的趋势，微波功率密度越高，开孔孔隙率越高。

② 怀山药微波冷冻干燥过程中首先形成闭孔孔隙，随着干燥的进行，闭孔孔隙转变为开孔孔隙，开孔孔隙率逐渐增加。整个干燥过程中怀山药的孔隙孔径基本在 $10～10^6$ nm 范围内，中值孔径先增大、再减小、再增大；干燥过程中大闭孔孔隙不断转变为开孔孔隙，总孔隙度不断增加。

③ 切片厚度和微波功率密度对孔隙孔道的形成都有较大的影响，本节的调控策略是在合理范围内，适当减小切片厚度、增大微波功率密度来获得较高的孔隙率。

4.5　基于孔隙率变化行为的怀山药干燥品质的研究

质地被公认为干燥食品最重要的质量属性之一。多孔性是与干燥食品质地有关的重要特征之一，它也影响着食品的其他特性，如力学性能、导热性、热扩散率和质量扩散等。一般情况下，干燥过程中的热效应会引起细胞结构的变化，从而导致食品质地的变化。对于 MFD，冰晶的升华也会造成食品结构特征的显著变化，根据工艺条件的不同，升华后的冰晶会产生不同特征的孔隙，因此，探究 MFD 工艺条件对怀山药结构性能的影响显得十分有必要。

虽然已有许多研究对干燥食品的质地进行了分析，但很少有数据显示干燥过程中的孔隙特性与干燥品质的关联性研究。尤其是对 MFD 而言，干燥过程对怀山药孔道结构的影响尚不确定，因此，本研究的主要目的是研究多孔结构对干燥品质及质构特性的影响，同时建立数学模型解释怀山药干燥过程中的动态质构变化。

4.5.1　样品分析

（1）品质指标测定

复水比（rehydration ratio，RR）测定：将不同干燥条件下的怀山药样品浸泡在 25℃ 的蒸馏水中 1h，擦干表面水分后称重，计算公式如下。

$$RR＝W_r/W_d$$

式中，W_r 表示复水前样品质量，g；W_d 表示复水后样品质量，g。

收缩率（shrinkage rate，SR）测定：计算公式如下。

$$SR＝V/V_0$$

式中，V 表示干燥后的样品体积，m^3；V_0 表示干燥前的样品体积，m^3。

质构分析：测试时采用的探头为直径 2mm 的圆柱形探头 P/2，测前、测中、测后速度分别为 5mm/s、1mm/s、2mm/s，最小感知力为 0.05N，穿刺深度为 15mm。每个试验点最少测试 5 次，剔除最大值和最小值之后求平均值。根据国内外研究，制定怀山药穿刺参数含义如下。

屈服力：探头刺入样品表面的一瞬间，穿刺曲线骤然下降的点为屈服点，相对应的瞬时感知力为屈服力，单位为 N。

屈服能：探头刺穿样品表面过程中吸收的能量，单位为 N·mm。

脆性：探头刺穿样品表面过程中下压的位移，为便于理解，使用 d 表示位移，$1/d$ 表示脆性大小，单位为 mm^{-1}。

平均硬度：整个穿刺过程中，穿刺曲线的第一个峰的平均力，单位为 N。

（2）基于模糊数学法的感观分析

选择健康、无不良习惯的 10 人组成评定组，其中男女各 5 人。对怀山药的颜色、外观、质地、风味和综合评价进行了感官评价，评价指标见表 4.9。采用模糊数学方法对感官评价结果进行分析，模糊关系综合评判集 $Y＝XR$，其中 X 为权重集，R 为模糊矩阵，计算过程中采用 M（∧，∨）算子，∧表示取小，∨表示取大。$X＝$｛颜色，外观，松脆度，硬度，综合评价｝＝｛0.1，0.2，0.1，0.3，0.3｝。经过归一化处理，可得到模糊数学关系综合评价的峰值，峰值越高表明样品的评级越好。

表 4.9　怀山药感官评价指标

评价指标	评语				
	非常喜欢	喜欢	中等喜欢	不喜欢	非常不喜欢
颜色	亮白	纯白	白	轻微变色	褐色斑点
外观	平整	较为平整	轻微皱缩	皱缩、无裂缝	皱缩、裂缝
松脆度	酥脆	嘎嘣脆	清脆	易掉渣	易碎
硬度	硬	较硬	有弹性	柔软	软烂
综合评价	优秀	良好	可以接受	勉强接受	难以接受

4.5.2　怀山药微波冷冻干燥过程微观孔道结构的研究

在孔隙的生成过程中，闭孔孔隙与开孔孔隙是不断相互转换的，但物料的细胞结构在体积收缩和微波能产生的热效应作用下不断伸缩拉扯，造成结构坍塌致使闭孔孔隙更多地转化为开孔孔隙，开孔孔隙度不断增加。不同干燥条件下怀山药开孔孔隙率与闭孔孔隙率的比值（open porosity/closed porosity，OC）如图 4.18 所示。由图可知，怀山药开孔孔隙率与闭孔孔隙率的比值分别在 30～60min、90min～干燥终点之间呈现上升趋势，这可能是因为此区间内物料内部发生较多的坍塌现象，大量的闭孔孔隙转化为开孔孔隙；其中，30～60min 之间曲线的升高可能是因为物料体积收缩引起的，90min 后可能是因微波能的作用而引起的。微波功率密度越大，开孔孔隙率的占比越高，意味着物料拥有更为疏松的孔隙网络结构，即物料的复水性更好。因此，为了获得较好的复水性产品，可适当地在允许范围内提高微波功率密度。

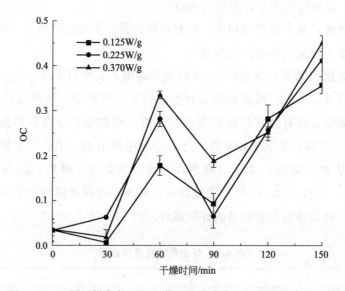

图 4.18　不同干燥条件下怀山药开孔孔隙率与闭孔孔隙率的比值

4.5.3　怀山药微波冷冻干燥过程的感官品质分析

为探究物料在干燥过程中的感官品质变化，将怀山药的体积收缩率和复水比随时间变化绘图，如图 4.19、图 4.20 所示。由图 4.19 可知，干燥时间 90min 后物料的体积基本不再收缩，根据上一节的研究，此时物料对应的开孔孔隙率大于 0.03，闭孔孔隙率基本不再增多；可能的原因是，此时物料内部的孔隙网络结构基本形成，水分扩散阻力较小，微波能产生的热效应使得物料内部的水分直接升华，对细胞结构的影响较小，因此此时体积变化不大。到达干燥终点时，收缩率的最低值比最高值降低了 40%，这说明适当地调整微波功率密度会对产品外观产生较大的影响。微波功率密度较大或较小时，物料的收缩率较大，这是因为微波的辐射有一定局限性，微波功率密度较大的情况下，微波穿透作用较强，单位密度的水分流失较多，从而造成体积收缩；微波功率密度较小时，微波穿透作用较弱，物料外层的水分优先升华，内部水分需迁移到外层才能继续被除去，由此造成了应力收缩现象。因此，在实际干燥过程中要慎重选择微波功率密度。

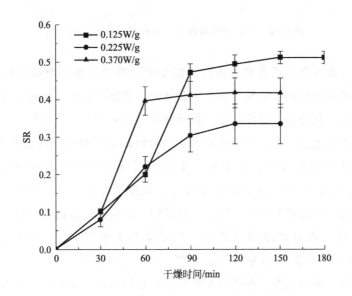

图 4.19　不同干燥条件下怀山药体积收缩率的变化曲线

由图 4.20 可知，其他条件固定时，微波功率密度越大，物料的复水性越好，但其中两个微波功率密度较低的复水比的差别反而不大。这可能是因为，微波能对物料细胞结构的作用并非线性，更有可能是指数函数的效果，即微波功率密度的线性增大对物料造成的作用可能是指数级的效果。

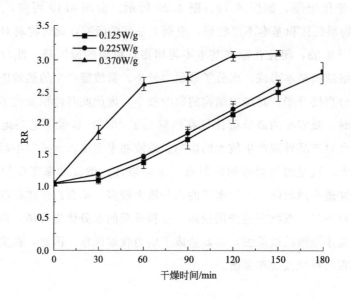

图 4.20　不同干燥条件下怀山药复水比的变化曲线

为进一步探究消费者对怀山药的接受度，挑选人员对产品进行了感观分析。评估者的评判标准不同导致了评估结论的模糊性，利用模糊数学法对评估结论进行归一化处理，得到的怀山药感官评价得分如表 4.10 所示。可以发现，当微波功率密度固定时，相应模糊矩阵的峰值随着干燥时间的延长逐渐变大，产品的接受度逐渐增加。在干燥结束时，不同微波功率密度（0.125W/g、0.225W/g 和 0.370W/g）的模糊矩阵的峰值分别为 0.3、0.375 和 0.333；这意味着合适的微波功率密度可以产生更好的产品质量，过高的微波功率密度可能会降低消费者对产品的接受度。当微波功率密度为 0.225W/g 时，0～150min 之间的峰值分别为 0.25、0.25、0.25、0.273、0.334、0.375，可能的原因是样品中的孔隙结构随着干燥时间的增加而逐渐增加，这使得山药片的脆性和硬度增加，味道变得更好。

表 4.10　不同微波功率密度怀山药感官评价得分表

干燥时间/min	评分		
	0.125W/g	0.225W/g	0.370W/g
0	0.25	0.25	0.25

干燥时间/min	评分		
	0.125W/g	0.225W/g	0.370W/g
30	0.25	0.25	0.2
60	0.273	0.25	0.25
90	0.273	0.273	0.272
120	0.3	0.334	0.3
150	0.3	0.375	0.333

4.5.4　怀山药微波冷冻干燥过程的质构品质分析

干燥可以导致食品微观结构组成的显著变化，从而使产品具备更长的保质期。此外，微观结构可能与干燥产品的质地特性有关，包括硬度和脆性的变化。表4.11 显示了 MFD 怀山药不同穿刺指数之间的相关性。结果表明，怀山药穿刺试验各指标之间除屈服能外均存在较为显著的相关性，且各指标之间相关性均呈现正相关，其中平均硬度和屈服力、平均硬度和脆性之间的显著性极为显著。因此，选择屈服力、脆性和平均硬度作为微波冷冻干燥怀山药的质构分析指标。

表 4.11　怀山药穿刺试验各指标之间相关性分析

项目	屈服力/N	屈服能/N·mm	脆性	平均硬度/N
屈服力/N	1			
屈服能/N·mm	0.102053	1		
脆性	0.746658	0.558928[*]	1	
平均硬度/N	0.983647[**]	0.203423[*]	0.824784[**]	1

注:[**]表示显著水平 0.01,[*]表示显著水平 0.05。

图 4.21 显示了 MFD 怀山药随干燥时间的穿刺试验结果。结果表明，样品的质地随干燥时间逐渐变化，怀山药的屈服力随着干燥时间的增加而增加，这表明在干燥过程中怀山药的韧性逐渐增加，即使怀山药脆片屈服或破裂需要更大的力；较高的微波功率密度可以导致更大的屈服力，这意味着样品的抗损伤能力逐渐变强；屈服力在达到最大值后略有下降，可能的原因是脆性增加使样品更容易破裂，降低了屈服力。怀山药的脆性也随着干燥时间的增加而增加，并且较高的微波功率密度可以在相同的干燥时间点导致更高的脆性。此外，平

均硬度随着干燥时间的增加而增加，并且在增加到一定水平后保持不变。综合以上分析可以得出结论，较大的微波功率密度会得到更大的抗损伤性、脆性和平均硬度。当微波功率密度为 0.370W/g 时，脆性可达 1.79mm^{-1}，平均硬度可达 8.19N。事实上，脆性和硬度是干燥零食产品最重要的质量参数，过硬或过脆的质地都可能导致不良的口感。因此，在实际生产过程中应该选用合适的微波功率密度，在本节中微波功率密度优选低于 1W/g。

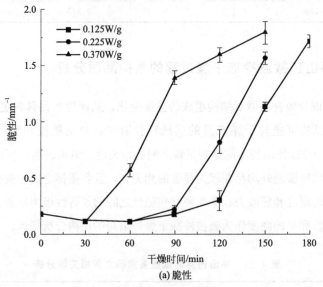

(a) 脆性

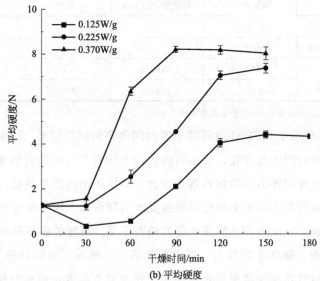

(b) 平均硬度

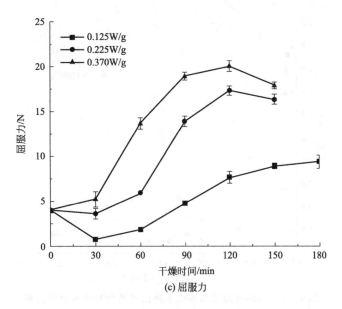

图 4.21　怀山药穿刺指标变化曲线

4.5.5　怀山药脆性模型的建立

　　感官评价的主观性和不一致的评价标准可能导致同一产品的不同鉴定结果。因此，应引入质构分析仪更客观和准确地描述食品的质构参数。一些报道指出，材料的含水量是影响脆性的主要因素。如图 4.22 所示，当样品的含水量降低时，MFD 怀山药的脆性增加。因此，可以近似地认为怀山药干燥过程中的水分损失是导致脆性变化的主要因素。

　　由图 4.22 可知，脆性曲线是非线性的，曲线变化接近 S 形。因此，从现有的用于描述各种非线性变化的模型中选择了六个模型进行模拟，拟合结果见表 4.12。除 Slogistic 1 模型外，其余模型的 R^2 值均高于 0.99，RSS 值均小于 0.01，说明数学模型的匹配程度较好，拟合效果较优。考虑到简单性和实用性，最终选择 DoseResp 模型作为 MFD 怀山药的最佳脆性模型。

　　为了验证选择的模型拟合准确性，在切片厚度 4mm、真空度 100Pa 的条件下，对比分析不同干燥条件下 MFD 怀山药的脆性实际值与模型预测值，结果如图 4.23 所示。结果表明实际值和预测值基本一致，即 DoseResp 模型可以准确描述不同微波功率密度下 MFD 怀山药的脆性变化。

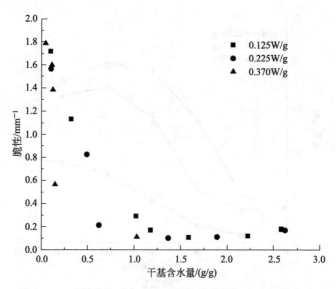

图 4.22　不同微波功率密度下怀山药脆性与含水量的关系

表 4.12　不同微波功率密度下 6 种脆性模型的拟合结果

序号	模型	方程式	功率密度	常数	RSS	R^2
1	Logistic	$y=A_2+(A_1-A_2)/$ $[1+(x/x_0)^p]$	0.125W/g	$A_1=1.76076$ $A_2=0.11046$ $x_0=0.39439$ $p=2.53588$	0.00284	0.99297
			0.225W/g	$A_1=1.56406$ $A_2=0.13144$ $x_0=0.49407$ $p=11.54775$	0.00125	0.99637
			0.370W/g	$A_1=1.77232$ $A_2=0.14073$ $x_0=0.13444$ $p=12.2656$	0.00206	0.99627
2	Boltzmann	$y=y_0+A_1\exp$ $[-(x-x_0)/t_1]+$ $A_2\exp[-(x-x_0)/t_2]$	0.125W/g	$A_1=3.17116$ $A_2=0.12770$ $x_0=0.12246$	0.00202	0.99499
			0.225W/g	$A_1=1.56454$ $A_2=0.13144$ $x_0=0.49356$	0.00125	0.99637
			0.370W/g	$A_1=1.78001$ $A_2=0.14136$ $x_0=0.13486$	0.00138	0.99749

序号	模型	方程式	功率密度	常数	RSS	R^2
3	DoseResp	$y=A_1+(A_2-A_1)/$ $[1+10^{(\log x_0-x)p}]$	0.125W/g	$A_1=0.1277$ $A_2=3.17116$ $\log x_0=0.12246$ $p=-1.50844$	0.00202	0.99499
			0.225W/g	$A_1=0.13144$ $A_2=1.56454$ $\log x_0=0.49356$ $p=-8.92929$	0.00125	0.99637
			0.370W/g	$A_1=0.14136$ $A_2=1.78001$ $\log x_0=0.13486$ $p=-40.15421$	0.00138	0.99749
4	Hill1	$y=\text{START}+$ $(\text{END}-\text{START})$ $x^n/(k^n+x^n)$	0.125W/g	$\text{START}=1.76076$ $\text{END}=0.11046$ $k=0.39439$ $n=2.53588$	0.00284	0.99297
			0.225W/g	$\text{START}=1.56406$ $\text{END}=0.13144$ $k=0.49407$ $n=11.54775$	0.00125	0.99637
			0.370W/g	$\text{START}=1.77232$ $\text{END}=0.14073$ $k=0.13444$ $n=12.2656$	0.00206	0.99627
5	Logistic 5	$y=A_{\min}+$ $(A_{\max}-A_{\min})/$ $[1+(x_0/x)^{-h}]^s$	0.125W/g	$A_{\min}=0.12951$ $A_{\max}=1.90337$ $x_0=1532.87954$ $h=-1.34307$ $s=48658.66905$	0.00286	0.9929
			0.225W/g	$A_{\min}=0.13144$ $A_{\max}=1.56407$ $x_0=0.57526$ $h=-7.69623$ $s=2.59551$	0.00250	0.99275
			0.370W/g	$A_{\min}=0.14213$ $A_{\max}=1.78411$ $x_0=0.30572$ $h=-9.04317$ $s=1077.85114$	0.00215	0.99609

序号	模型	方程式	功率密度	常数	RSS	R^2
6	Slogistic 1	$y=a/\{1+\exp[-k(x-x_c)]\}$	0.125W/g	$a=1207.54452$ $x_c=-3.37638$ $k=-1.88636$	0.00903	0.97760
			0.225W/g	$a=1.5687$ $x_c=0.50348$ $k=-10.3709173$	0.01811	0.94752
			0.370W/g	$a=1.78346$ $x_c=0.13716$ $k=-85.44692$	0.01430	0.97407

注：k 是干燥常数；t 是干燥时间（min）；A、a、h、n、p、s、x_0、x_c、t_1、t_2、START、END 是待定常数。

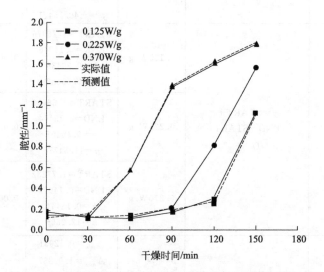

图 4.23　不同微波功率密度下怀山药脆性的预测值与实际值

4.5.6　怀山药硬度模型的建立

硬度与食物的质地密切相关，是影响消费者购买休闲食品的最重要参数之一。有研究表明，孔隙率和含水量对干燥产品的硬度有显著影响；较高的孔隙率和较低的水分含量可以使网络结构更紧凑，最终导致更大的硬度。为了描述样品的硬度与孔隙率和含水量之间的关系，以孔隙度和含水率作为自变量、怀山药平均硬度作为因变量建立了回归方程，回归结果如表 4.13 所示。结果显示，不同微波功率密度下的 R^2 均大于 0.9，因此，该回归模型可以较为准确地预测怀山药 MFD 过程中的硬度变化。

为进一步验证怀山药硬度是否与孔隙率和含水率相关，进行了 F 检验和回归方程的检验，结果如表 4.14、表 4.15 所示。表 4.14 表明，孔隙率对硬度的影响是显著的，但含水率的影响不显著。然而，孔隙率和含水率作为自变量的回归方程是显著的，表明怀山药的硬度与孔隙率和含水率的交互作用之间存在很强的相关性，即孔隙率和含水率的交互作用对硬度有显著影响。

为了验证回归模型的准确性，在切片厚度 4mm、真空度 100Pa 的条件下，取不同干燥条件下的怀山药硬度实际值与模型的预测值进行比较，结果如图 4.24 所示。结果表明，试验值与模型预测值大致吻合，基于孔隙率和水分含量的回归方程可以较为准确地描述怀山药的硬度变化，可依据回归模型调整孔隙率和含水量的参数来达到硬度品质控制的目的。

表 4.13　不同微波功率密度下怀山药硬度的数学模型（回归结果）

微波功率密度	方程式	常数			R^2
		常数名称	常数值	标准差	
0.125W/g	$y=-0.729x_1+11.999x_2-1.46$	b	-1.460	0.862	0.985
		x_1	-0.729	0.816	
		x_2	11.999	1.415	
0.225W/g	$y=-8.403x_1+4.058x_2+6.351$	b	6.351	2.922	0.923
		x_1	-8.403	3.262	
		x_2	4.058	3.990	
0.370W/g	$y=-8.511x_1+4.855x_2+5.725$	b	5.725	1.248	0.963
		x_1	-8.511	1.746	
		x_2	4.855	1.971	

注：b 为常数，x_1 为含水率，x_2 为孔隙率。

表 4.14　单因素方差分析

方差来源	平方和	自由度	均方	p 值	显著性
x_1	30.3214	18	1.6845	0.4580	不显著
x_2	134.8635	2	67.4318	18.3520	$\alpha=0.001$
误差	132.2793	36	3.6744		
总和	297.4643	56			

注：x_1 为含水率，x_2 为孔隙率。

表 4.15　回归方程检验表

方差来源		平方和	自由度	均方	p 值	显著性
0.125W/g	回归	19.215	2	9.608	132.428	$\alpha=0.001$
	剩余	0.290	4	0.073		
	总和	19.506	6			

方差来源		平方和	自由度	均方	p 值	显著性
0.225W/g	回归	36.223	2	18.111	17.946	$\alpha=0.025$
	剩余	3.028	3	1.009		
	总和	39.251	5			
0.370W/g	回归	52.863	2	26.431	39.521	$\alpha=0.01$
	剩余	2.006	3	0.669		
	总和	54.869	5			

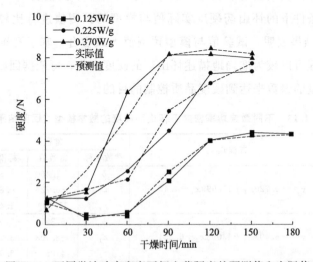

图 4.24　不同微波功率密度下怀山药硬度的预测值和实际值

4.6　小结

① 微波功率密度对怀山药微波冷冻干燥过程的品质有显著影响，微波功率密度较大时，怀山药的体积收缩率、复水性较好，抗损伤能力、脆性和平均硬度也较大。干燥结束时，0.125W/g、0.225W/g 和 0.370W/g 的感官评分模糊矩阵的峰值分别为 0.3、0.375 和 0.333，这意味着过高的微波功率密度可能会降低消费者对产品的接受度。因此实际干燥过程中需要谨慎选择微波功率密度，本节优选微波功率密度低于 1W/g。

② 在微波冷冻干燥过程中，怀山药的脆性与水分含量有关，硬度主要取决于孔隙率和水分含量。建立的脆性模型为 $y=A_1+(A_2-A_1)/[1+10^{(\log x_0-x)p}]$，$R^2>0.99$；硬度回归模型的拟合程度较好，可以较好地描述怀

山药的质构品质变化。本节调控策略：可依据回归模型调整孔隙率和含水量的参数来达到控制产品质构品质的目的。

◆参考文献◆

［1］　Peltre P R，Ma Y H. Application of computer simulation in the study of microwave freeze drying ［C］，1975.

［2］　Tetenbaum S J，Weiss J A. Microwave-aided Freeze-drying Of Foods ［C］，1981.

［3］　王朝晖，施明恒. 牛肉的微波冷冻干燥特性 ［J］. 南京林业大学学报（自然科学版），1997，21（S1）：139-142.

［4］　王朝晖，施明恒. 微波冷冻干燥过程的升华冷凝现象 ［J］. 中国科学： E 辑，1998（3）：225-231.

［5］　Lombrana J I，De Elvira C，Villaran M C. SIMULATION AND DESIGN OF BEATING PRO-FILES IN HEAT CONTROLLED FREEZE-DRYING OF PHARMACEUTICALS IN VIALS BY THE APPLICATION OF A SUBLIMATION CYLINDRICAL MODEL ［J］. Drying Technology，1993，11（1）：85-102.

［6］　Wang W，Pan Y Q，Zhao M J，et al. Experimental investigation on freeze drying with dielectric material assisted microwave heating ［J］. Gao Xiao Hua Xue Gong Cheng Xue Bao/Journal of Chemical Engineering of Chinese Universities，2010，24（6）：923-928.

［7］　Nastaj J F，Witkiewicz K. Mathematical modeling of the primary and secondary vacuum freeze dr-ying of random solids at microwave heating ［J］. International Journal of Heat and Mass Transfer，2009，52（21-22）：4796-4806.

［8］　Han J，Zhou C，Wu Y，et al. Self-Assembling Behavior of Cellulose Nanoparticles during Freeze-Drying：Effect of Suspension Concentration，Particle Size，Crystal Structure，and Surface Charge ［J］. Biomacromolecules，2013，14（5）：1529-1540.

［9］　程裕东. 微波加热过程中圆柱型包装食品的温度分布研究 ［J］. 中国食品学报，2002（04）：9-14.

［10］　Ren G Y，Zeng F L，Duan X，et al. The Effect of Glass Transition Temperature on the Proce-dure of Microwave－Freeze Drying of Mushrooms（\ r，Agaricus bisporus \ r，）［J］. Drying Technology，2015，33（2）：169-175.

［11］　Duan X，Zhang M，et al. Microwave Freeze Drying of Sea Cucumber Coated with Nanoscale Silver ［J］. Drying Technology，2007，26（4）：413-419.

［12］　Giri S K，Suresh P. Quality and Moisture Sorption Characteristics of Microwave-Vacuum，Air and Freeze-Dried Button Mushroom（Agaricus Bisporus）［J］. 2010，33（Supplement s1）：237-251.

［13］　Devahastin S，Mujumdar A S. A Study of Turbulent Mixing of Confined Impinging Streams U-

sing a New Composite Turbulence Model [J] . Industrial & Engineering Chemistry Research,
2001, 40 (22): 4998-5004.

[14] Zhang H X. Determination of Aromatic Structures of Bituminous Coal Using Sequential Oxidation
[J] . Industrial & Engineering Chemistry Research, 2016: acs. iecr. 5b04899.

[15] Colak A , Sahin E , Yildirim M , et al. Polyphenol oxidase potentials of three wild mushroom spe-
cies harvested from Liser High Plateau, Trabzon [J] . Food Chemistry, 2007, 103 (4):
1426-1433.

第 5 章

新型微波干燥技术

5.1 大功率固态功放技术

5.1.1 发展背景

微波加热干燥技术起源于 20 世纪 40 年代雷达技术的发明。至今仍在广泛使用的磁控管发出微波加热食物，微波频率以 2450MHz±50MHz 为主；高压变压器、电容、二极管等提供 4300V 左右的直流高压，供磁控管工作；磁控管、变压器耗费大量铜、硅钢等，且体积和质量大。在这种微波加热干燥系统中，存在高压，对绝缘要求高，还存在高温和明火点，不宜应用于防火防爆环境及腐蚀性强的化工行业等。此外，磁控管工作寿命短，微波频率不可调，材料标准要求高、制造难度大，这些不利因素限制了目前微波炉能效进一步提升及成本降低。目前工业上广泛使用的基本都是单只输入功率 1500W 以下，整机加热效率在 54%～65% 的小功率磁控管系统。

伴随着军工技术以及数字通信，特别是移动数字通信技术的发展，固态功放微波技术发生了划时代意义的根本性变化。早在 20 世纪 60～70 年代，卫星、导弹导航就有了数字通信；80～90 年代，在调频广播和数字移动通信领域极容易地实现了兆赫级微波信号的发生、放大、传输、接收等。这些技术都首先被应用在军事领域的 HPM (high power microwave) 技术，即微波武器上。HPM 依靠电源提供能源，使用时只消耗一定的电能，可一次投入、长期使用，效费比较高；和常规电子对抗的干扰效应相比，HPM 还具有对电子器件物理破坏的效应。

在数字移动通信领域，特别是随着我国在该领域突飞猛进的发展，其频率和功率在不断刷新和提高。频率由十年前的 3G，发展到现在的 4G；未来将全面实现 5G，并且 5G 的技术标准已由我国确定。其功率水平已从早期的十瓦、百瓦级，发展到了千瓦、十千瓦级，甚至百千瓦级。这些都带动了相关基础元器件的技术开放和价格及成本的显著下降，这为其在一般工业领域的应用创造了条件。简言之，固态功放（半导体）微波技术早期主要应用在通信上，与微波加热应用的主要区别是频段差异。固态功放微波应用于加热虽然一直存在很高的技术难度，主要包括功率小、效率低、成本高、馈入腔体困难等问题；但随着半导体微波技术日新月异的发展，固态功放微波效率越来越高、成本越来越低、重量越来越轻、单位体积功率密度越来越大，其在微波加热、干燥领域上的应用将是该技术发展的必然趋势[1]。

5.1.2 固态功放微波技术原理

固态功放微波技术（即半导体微波技术）的发展，使微波技术从传统用磁控管直接产生所需的频率和功率微波的模拟电路微波技术（图 5.1），蜕变到将数字脉冲信号源与半导体固态功率放大数字电路相结合的数字微波电路技术（图 5.2）；并且从理论上将可以很方便地实现任意频率微波的生成，亦即通过数字半导体技术突破模拟半导体技术对频率的限制。

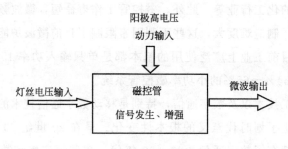

图 5.1　磁控管工作原理

在此微波系统中，磁控管的谐振腔中直接产生所需频率和功率的微波（图 5.3），即到从信号到放大两部分功能合二为一，一步完成后由天线将微波能耦合传输到波导中[2]。

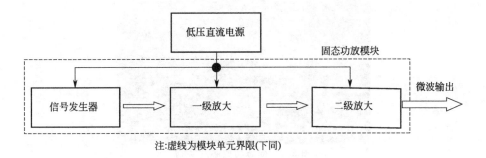

注:虚线为模块单元界限(下同)

图 5.2　固态功放二级放大模式工作原理

对固态功放微波技术来说，随着数字电路技术的发展，其在微波技术方面的应用也在不断提高；随之而来，固态功放微波设备的功率水平不断提高，大功率固态功放微波技术 HPSSMA（high power solid-state microwave ampli-fier）也就应运而生了，特别是近年来出现的氮化镓（GaN）功率半导体技术为提高 RF/微波功率放大的性能水平作出了巨大贡献。通过降低器件的寄生参数，以及采用更短的栅极长度和更高的工作电压，GaN 晶体管已实现更高的输出功率密度、更宽的带宽和更好的 DC 转 RF 效率。例如，在 2014 年，能支持 8kW 脉冲输出功率的 GaN 工艺的 X 波段放大器已被验证能在雷达系统应用中替代行波管（TWT）和 TWT 放大器，以及近来出现了很多种支持 32kW 的固态 GaN 工艺的共 V 领放大器等[3]。

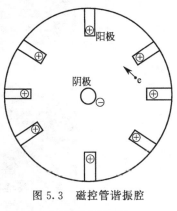

图 5.3　磁控管谐振腔
电子流工作原理

目前，半导体微波技术多采用微波源发生器发出小信号微波，再对小信号微波进行放大的原理。其中放大部分多采用两级放大，即初次将小信号放大后进行二次放大（图 5.2）。

随着我国微电子技术的发展，固态功放的核心芯片技术已大幅度提高，已经由一次放大（固态功放芯片与模块实物见图 5.4、图 5.5，固态功放微波源实物见图 5.6、图 5.7）替代了二次放大技术（图 5.8），简化了电路，也大大提高了可靠性和运行效率。

图 5.4　固态功放芯片实物

图 5.5　固态功放模块实物

图 5.6　固态功放微波源实物（1）

5.1.3　固态功放微波技术的优势

5.1.3.1　磁控管微波系统的优势及缺点

磁控管模拟信号微波系统由磁控管、高压变压器、高压电容、高压二极管堆（号称四大件）等组成。其优点就是成本低、电热转换效率较高、维护技术

图 5.7　固态功放微波源实物（2）

具有输出功率调节，输出功率、反射功率及温度显示和温度保护功能

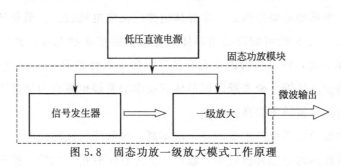

图 5.8　固态功放一级放大模式工作原理

要求不高；但系统的工作性能与这些元器件本身的质量和性能参数关系极大，且易出现老化、受潮、受腐蚀等危害，可靠性不易保证。特别是作为主要部件的磁控管为高真空管，易损，且其内部的关键部位热阴极干燥温度高，在工作状态不能受振动，亦非常娇贵。此外，由于其热阴极有寿命，所以磁控管是有使用寿命的，为消耗品。更为关键的是在磁控管的工作寿命期间，其输出功率是逐渐衰减的，由于功率下降，工艺质量就下降，易造成产品质量不稳定[4]。因此，后期维护繁杂。根据国内某大型微波设备制造企业介绍，作为负责人的大企业每年用在售后服务和后期维护的费用相当可观，大约达到其利润的三分之一左右。

在这种微波加热干燥系统中，存在高压，对绝缘要求高；还存在高温和明火点，需要冷却降温，且不宜应用于易燃易爆的防火防爆环境及腐蚀性强的化工行业等。

5.1.3.2　固态功放微波技术系统的优势及缺点

固态功放微波系统的主要优点是：①工作电压为直流 27V，无高电压，安全，因而无特殊绝缘要求。②常温、常压，耐久性好，使用长久，原则上是常温工作，无明火点，无需冷却降温；有防火要求的地方亦可使用，特别是对水冷式固态功放微波系统可以进行密封封装保护，还可以广泛应用于化工行业的腐蚀环境。③无易损消耗件，无使用寿命限制，免维护。④对水冷式固态功放微波系统基本没有噪声，可以实现静音环境设计。⑤对水冷式固态功放微波系统需要纯水冷却。⑥对风冷式的固态功放微波系统噪声较大，且有防尘要求等，环境温度不能高于 35℃。

亦即固态功放微波系统的主要优势在于使用寿命长、无衰减、免维护、可自动调节驻波。此外对于精度要求高的设备，固态源频率准确，且精确可控。微波转换效率低的主要原因是，半导体电路的漏电电流较大。最新的研究结果表明，N 型/P 型极性可编程的锗晶体管能够抑制截止状态漏电流；与当前的CMOS 技术相比，该晶体管的实现有望降低集成电路中晶体管的数量。此外，纳米真空沟道晶体管、全二维印制晶体管技术的发展也将有力推进固态功放微波技术的微波转换效率提高。

固态功放微波系统的主要缺点是成本高，现阶段微波转换效率（即由电能转换成微波热能的电热转换效率）较低。但还存在有很大的技术提升空间，特别是 433MHz 系统的效率目前已达到 70%的高水平。

5.1.4 大功率固态功放技术发展的新动向

5.1.4.1 提高效率的途径

目前，提高固态功放微波技术效率的途径主要有低泄漏电流锗晶体管技术、纳米真空沟道晶体管技术和全二维印制晶体管技术等。值得特别指出的是低泄漏电流锗晶体管技术是由德国德累斯顿技术大学研究团队开发的，通过 N 型/P 型极性可编程的锗晶体管，抑制截止状态漏电流。与当前的 CMOS 技术相比，该晶体管的实现有望降低集成电路中晶体管的数量。

近四十年来，晶体管尺寸一直在缩小，以提高计算能力和速度。随着硅晶体管接近物理极限，研究人员们希望运用电子迁移率比硅高的材料来提升晶体管性能，如锗、砷化铟等。然而，由于这些材料禁带宽度较小，导致晶体管在关断状态下截止状态功耗较高。

德累斯顿研究团队通过带有独立栅的锗纳米线晶体管成功解决了这一问题。该研究成果首次实现晶体管低工作电压和低静态泄漏电流，将是新型节能电路的关键；该团队的研究还表明，这种具有泄漏电流抑制和极性控制的晶体管尺寸可以做得更小，有望为将来的高能效系统提供解决方案。

半导体真空管（纳米级真空沟道晶体管 NVCT）技术与传统半导体晶体管相比，NVCT 速度更快，对高温和辐射等极端环境具有更强的抵抗能力，成为抗辐射深空通信、高频设备和太赫兹电子系统等应用的理想选择；也有望成为延续摩尔定律的候选技术之一，帮助半导体晶体管突破当前因物理限制而无法进一步缩小的难题。

与传统真空管相比，NVCT 可有效解决真空管一直以来所诟病的体积和能耗巨大的问题。在新的 NVCT 中，由于在制造过程中采用了先进半导体制造技术，因此尺寸可以小至几纳米，不再是一个令人担心的问题；与传统真空管看起来像一个灯泡不同，NVCT 看起来更像传统的半导体晶体管，但只能在扫描电子显微镜下看到。

NASA 艾姆斯研究中心在新开展的一项研究中设计出一个硅基 NVCT，带有改进的栅结构，能将驱动电压从数十伏减少至不足五伏，显著降低功耗。

在 NVCT 中，栅极根据驱动电压控制两极之间的电流；而在传统的真空管中，通过加热器件的发射机来释放电子。由于电子的运动路径是在真空中，因此可以非常高的速度移动，实现快速运转。在 NVCT 中，并没有真正的真空环境，电子通过的是一个填满氦气等惰性气体的空间。因为两个电极之间的距离小至 50nm，电子在运动过程中与气体分子发生碰撞的概率非常低，所以电子在这种"准真空"环境中的运动速度与在真实真空中的运动速度十分接近；即使发生了一些碰撞，由于较低的工作电压，气体分子也并不会被电离。

NVCT 的最大的优势是其对高温和电离辐射的强抵挡能力，这使其在军事和空间领域等极端环境中有非常大的应用前景。在新的研究中，研究人员实验证实了 NVCT 在高达 200℃ 的环境下性能保持不变，超过传统晶体管工作温度的上限。实验还显示，新 NVCT 对于伽马射线和质子辐射有抵抗能力。

5.1.4.2　433MHz 微波的特点

虽然受现有元器件技术指标的限制，2.45GHz 和 915MHz 频率的固态功放微波设备的效率不高，但是频率相对较低；在模拟器件系统中，受器件尺寸限制（由于波长较长，磁控管和波导尺寸较大），很少应用在加热干燥领域的433MHz的固态功放微波的效率可以达到70%以上。目前，433MHz 高效大功率微波固态功放技术的输出已经能够达到 1000W 以上，在解冻、加热等领域已具备实际应用的条件；其在食品解冻方面的应用效果尤为出色（成都沃特塞恩技术），具备在广泛领域的一般及特殊工业大规模应用的优势，具有良好的发展及应用前景。433MHz 固态功放微波解冻试验台见图 5.9。

图 5.9　433MHz 固态功放微波解冻试验台

433MHz 的固态功放微波系统有可能率先成为实现产业化应用的先导和突破口。此外，据有关企业的初步试验结果，加热干燥与解冻相比效率较低。归其原因，应该是 433MHz 频率微波的波长大约为 71cm，上述试验台为用 2.45GHz 频率的微波炉直接借用改造而成，最大尺寸只有 400mm 左右，且解冻物料的厚度约为 20～30mm，远远小于其波长，使其吸收不足、反射过大等。而在得出上述结论时又没有就这些因素予以充分探讨，这些还需要做进一步的研究[5]。

5.1.5　固态功放技术发展中的问题及前瞻建议

（1）效率有待提高

目前，2.45GHz 的大功率固态功放模块的效率只有 40%，而 433MHz 模块的效率可以达到 70%。对于广泛采用的 2.45GHz 的微波设备来讲，效率显然有待提高。提高效率的途径除了电路材料、制式等方面的改进以外，通过下列几项改进也可以有效地提高效率。

（2）电路有待简化

现有的固态功放模块基本上都是按照信号发生放大仪器的功能设计的，电路有待简化。其中包含有信号发生、功率放大、功率输出调节、入射与反射功率测量及隔离等功能。这些电路都在很大程度上增加了模块的成本（至少要占到其成本的三分之一以上），也增加了模块电路本身的内耗功率（至少 10% 以上）。即每个模块都是一个独立的辐射单元，可以根据工艺要求任意布置。

其途径可以是：

①设置专用信号发生器为模块群统一提供信号（图 5.10），以省去信号发生器；②设置成直接关开式，以省去调节功能；③通过载荷的合理配置、工艺规程限制以及馈入通道的阻抗匹配降低反射，以省去入射与反射功率测量及隔离等功能。

依次将功放模块电路进行彻底简化，一方面降低成本，另一方面降低模块内部电路的功耗；此外，还避免了宝贵的电子元器件和材料的重复和浪费，降低维护维修成本以及元器件和材料的消耗。

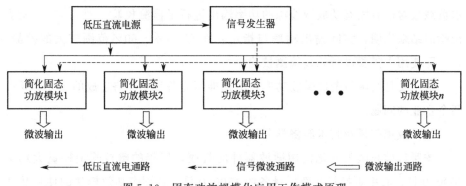

图 5.10　固态功放规模化应用工作模式原理

（3）微波馈入腔体方式有待改进

固态功放微波的输出模式有 TE_{11} 模式（即波导模式）、阻抗 50Ω 模式（即同轴电缆模式），目前微波炉矩形波导模式是 TE_{10} 模式。固态功放微波功率源产生的微波经过不同耦合方式进入微波炉加热腔体内，具体耦合方式有三种：等效磁控管耦合方式、探针耦合方式、天线耦合方式。目前的固态功放微波源普遍采用同轴电缆连接功率输出（输送）方式，微波馈入腔体采用的是等效磁控管耦合方式，即从微波源到工作腔体的微波通道是：微波源＋同轴电缆＋（同轴波导转换器）天线耦合方式。

从试验和实际使用的结果看，其最突出的问题是辅助器件多、成本高，在同轴电缆和同轴接头处发热，功率损耗大；特别是在大功率输出情况下，若采用效磁控管耦合方式，将功放模块直接安装在馈入波导处，将大大降低输送环节的功率消耗。

在固态功放微波源的实际使用中发现，功率输出同轴电缆连接不但功率损耗大，而且一旦连接不牢靠还会出现泄漏、发热，并对周围通信环境产生干扰等问题，即对设备的使用维护技术水平要求较高。

（4）模块水冷化

功放模块水冷化一方面可以充分保证冷却效果，另一方面可以密封配置以隔绝灰尘，从而可以突破恶劣环境限制，广泛应用于易燃易爆、强腐蚀和灰尘严重等恶劣环境；模块水冷化不仅保证了冷却效果，而且还可以延长其使用寿命。

（5）功率指标需要进一步核实校准

为了在相关科研项目中更准确地掌握固态功放微波源的功率输出数据，用水负载法对已有固态功放微波源的功率输出进行了检测校验（图5.11）。检测校验的结果表明，实际输出功率与指示功率有20％～60％范围较大的差异，在实际使用中需要进行认真检测校验。

这主要是我国目前的微波功率检测标准不完备和不严格造成的，并非某一两个企业的问题。

（6）应用前景及技术经济学分析

按照目前我国工业化使用微波器件的规模，每年的磁控管消耗量大约为3000万只，其中更换量与新增量各约1500万只。若固态功放模块的使用量达到1000万只，以手机成本作参考：功放只是其中很小一部分，成本不足五分之一，一部老款的智能机不足1000元，因此如果功放模块的产量能够达到千万只级别的量，则每个功放模块的价格就非常有可能降到200元以内（与一只磁控管的价格相当）。这将为固态功放技术的大规模工业化应用提供充分的技术和经济基础条件。

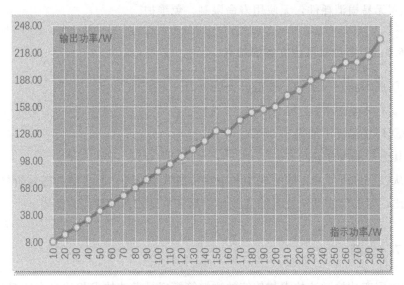

图 5.11　固态功放微波源功率检测曲线

5.1.6　技术方案分析对比

5.1.6.1　磁控管方案的特点

① 成本低，大约 2500～3500 元；

② 有高温点，需要冷却；

③ 有高电压，有较高的绝缘要求；

④ 工作状态阴极灯丝处于临近熔化状态，不能有振动；

⑤ 磁控管为真空管，易损，且有使用寿命，为消耗品，一般半年到一年需要更换；

⑥ 有明火点，有防火要求的地方无法使用。

5.1.6.2　固态功放水风冷方案的特点

① 成本较高，大约 4 万元，目前的效率偏低；

② 需要纯水冷却；

③ 工作电压为直流 27V，无高电压，因而无特殊绝缘要求；

④ 原则上是常温工作，无明火点，有防火要求的地方亦可使用；

⑤ 无易损消耗件，无使用寿命限制，免维护。

5.1.6.3　固态功放风冷方案的特点

① 成本相对（水冷）较低，大约 3 万～4 万元；

② 有防尘要求；

③ 环境温度不能高于 35℃。

其他与水冷方案同。

从以上分析可知，除了成本和电热转换效率以外，与传统的磁控管微波技术相比，固态功放微波技术的其他各项都有明显的不可替代的优势。

5.1.7　小结

① 固态功放微波技术与传统的磁控管模拟量微波技术相比具有明显优势，特别是对于精度要求高的设备，固态功放微波设备频率准确，且精确可控，具有不可替代的优势。固态功放微波系统是工业微波应用技术的一次革命。

② 固态功放微波技术已在军工、医疗等特殊领域得到应用，并且在一些高附加值产业和领域也被逐步认识、接受和广泛应用。

③ 固态功放微波技术虽然还存在成本高、效率不高等问题，但随着半导体微波技术日新月异的发展，固态功放微波效率越来越高、成本越来越低、重量越来越轻、单位体积功率密度越来越大，其在微波加热、干燥领域上的应用将是该技术发展的必然趋势。固态功放微波技术在干燥加热领域的广泛应用前景是十分广阔和值得期待的。

5.2　基于电场分布的单波导矩形微波喷动床结构设计

微波喷动床是集微波加热与喷动床优势于一体的微波联合干燥装置。其既具有微波加热速度快的优点，又能利用喷动床中物料的随机运动改善微波加热不均匀性的缺点。微波喷动床干燥于 1998 年由美国的 Feng 等[5~7] 提出并进行了相关的研究，研究结果表明，微波辅助喷动床联合干燥可以有效缩短干燥时间，提高物料干燥均匀性和干制品的品质。Nindo 等[8] 通过研究芦笋的品质变化，得出微波喷动床干燥有利于提高干燥速度，同时更好地保留了总抗氧化活性物。目前，对微波喷动床的研究主要集中在物料干燥动力学、干燥均匀性及干制品品质方面，对于微波喷动床装置的结构设计未见文献提及。微波加热的不均匀性是制约微波应用的主要瓶颈。而微波腔内电磁场分布的不均匀是造成微波加热不均匀的主要因素。因此，在微波喷动床设计时首先应保证腔内电磁场分布的均匀性。传统喷动床为柱锥形结构，但最适合于微波加热的腔体结构为矩形腔，因此，本研究针对矩形微波喷动床，采用多物理场耦合软件COMSOL Multiphysics，通过求解一定边界条件的麦克斯韦方程组对喷动床内的电场进行数值模拟。主要研究了在单波导矩形微波喷动床结构设计时，各结构尺寸对喷动腔内电场强度及电场分布均匀性的影响，并对结构进行优化。模拟中边界条件采用反映实际情况的阻抗边界条件。

阻抗边界条件的计算公式为：

$$\sqrt{\frac{\mu_0 \mu_r}{\varepsilon_0}} nH + E - (nE)n = (nE_s)n - E_s \tag{5-1}$$

式中　μ_0——真空磁导率，$4\pi \times 10^{-7}$ H/m；

μ_r——材料的相对磁导率；

ε_0——真空介电常数，8.85×10^{-12} F/m；

H——磁场强度，A/m；

E——电场强度，V/m；

E_s——源电场，用于指定边界上的一个面电流源，V/m。

5.2.1　矩形微波喷动床结构

图 5.12（a）为矩形微波喷动床装置结构，喷动床为柱锥体结构。在本研究模拟中，将其结构简化见图 5.12（b）。喷动床采用对称结构，其尺寸表示为 $a \times a \times L$。周云龙等在对变倾角柱锥体喷动床颗粒流速与浓度分布特性研究中得出锥体倾角为 60°时，颗粒在喷动床内的分布状态最佳。因此，本研究将喷动床的锥底角设计为 60°。波导数量对微波腔内电磁场的分布有很大的影响，本研究中使用一个波导口，位于一侧壁面上，波导型号为标准 BJ-26 型波导。考虑到腔内电场强度不能太小和分布的均匀性，在一个波导口的情况下，喷动床边长 a 不能取太大。为了研究喷动床结构尺寸与波长的关系，文中以与波长（$\lambda = 122$mm）的倍数关系取值，最大值为 3.5 倍的波长，最小值取 1

倍波长；喷动床高度 L 由具体处理物料的最大喷动高度决定，L 取值范围为 800～1100mm；波导口位置 H 的取值范围为 100～400mm。微波入射功率设置为 100W。数值模拟中，在微波腔内取超过 1.0×10^5 个数据点进行分析。

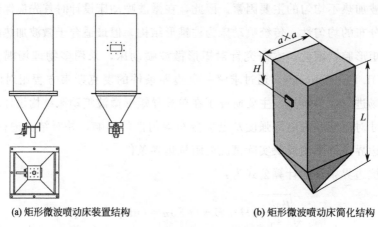

(a) 矩形微波喷动床装置结构   (b) 矩形微波喷动床简化结构

图 5.12　单波导矩形微波喷动床结构

5.2.2　评价指标

5.2.2.1　COV

COV 用于衡量喷动床内电场分布的均匀程度，COV 越小则电场分布越均匀，是评价结构合理性的重要指标。COV 由式(5-2) 计算。

$$\mathrm{COV}=\frac{1}{\overline{E}}\sqrt{\frac{\sum_{i=1}^{n}(E_i-\overline{E})^2}{n}} \tag{5-2}$$

式中　COV——变异系数；

　　　　n——取样点数；

　　　　E_i——取样点的电场强度，V/m；

　　　　$\overline{E}$——喷动床内的平均电场强度，V/m。

5.2.2.2　E_{mean}

E_{mean} 是微波腔内电场强度的平均值。根据微波加热原理，微波加热的功率与电场强度呈正比关系，故 E_{mean} 表征微波能量的利用程度，E_{mean} 越大，微波能利用越高。E_{mean} 按式(5-3) 计算。

$$E_{\text{mean}} = \frac{1}{n} \sum_{i=1}^{n} E_i \tag{5-3}$$

5.2.2.3　$E_{\text{max}}/E_{\text{mean}}$

$E_{\text{max}}/E_{\text{mean}}$ 是微波腔内电场强度的最大值与平均值的比值。在多模微波腔内，由于电磁场反射叠加，因此容易造成局部电磁场集聚而出现物料过热现象。$E_{\text{max}}/E_{\text{mean}}$ 越小，表明微波局部过热现象越不显著。

5.2.3　数据分析及处理方法

5.2.3.1　单因素试验法

针对喷动床结构的 3 个尺寸（a、H 和 L），主要分析了当 L 为固定参数（$L = 800\text{mm}$）时，a 和 H 对 COV、E_{mean} 及 $E_{\text{max}}/E_{\text{mean}}$ 的影响，其中 a 为 122mm（λ）、183mm（1.5λ）、244mm（2λ）、305mm（2.5λ）、366mm（3λ）、427mm（3.5λ），H 为 100mm、200mm、300mm、400mm；当 a 为固定参数（$a = 427\text{mm}$）时，H 和 L 对 COV、E_{mean} 及 $E_{\text{max}}/E_{\text{mean}}$ 的影响，其中 H 为 100mm、200mm、300mm、400mm，L 为 800mm、900mm、1000mm、1100mm。

5.2.3.2　正交试验设计法

建立三因素四水平正交试验。设计表采用标准型 L_{32}（4^3）。

5.2.3.3　数据处理方法

本研究利用 Minitab 统计软件对试验数据进行方差分析，获得各因素的显著性水平，同时判断各因素间是否存在交互作用，从而获得最优数据组合。

5.2.4 结果与讨论

5.2.4.1 单因素试验法数据分析

5.2.4.1.1 a 和 H 对 COV、E_{mean} 及 E_{max}/E_{mean} 的影响

图 5.13 研究了当 L 为 800 mm 时，a 与 H 对矩形喷动床内电场及电场分布的影响。图 5.13（a）中可见，当 $a>122$ mm 时，H 和 a 对 COV 的影响不大，数据基本集中在 $0.45\sim0.55$。一般腔体尺寸越大，腔内模式数越多，电场分布越均匀。本研究中，a 的取值应在 2 倍波长及以上。

由图 5.13（b）可知，平均电场强度与喷动腔的大小没有明显的规律可循，在同样的入射功率下，电场强度并未随着腔体体积增大而呈减小趋势。最大平均电场强度出现在 a 为 305mm、H 为 400mm 的结构中。当 a 为 366 mm 时，不论 H 值多大，平均电场强度值均较小。微波腔内，原则上 E_{mean} 值越大，代表微波能越大，越有利于微波加热。但平均电场强度值增大有两种可能，一种是腔内总体场强值增大，没有局部电场集聚现象；另一种是由于腔内个别位置出现电场集聚而导致的平均电场值增大。对于后者，会导致微波加热中物料出现局部严重过热现象，在微波腔设计中应该避免。因此，单纯依据 E_{mean} 值判断电场优劣具有一定的片面性。本研究通过 E_{max}/E_{mean} 值反映电场集聚现象，E_{max}/E_{mean} 值越大，代表电场集聚越严重。由图 5.13（c）可知，当 a 为 366mm 时，不论 H 值多大，E_{max}/E_{mean} 值均较大，说明此结构电场集聚严重。由图 5.14 可知，电场集聚主要出现在波导口处。

5.2.4.1.2 H 和 L 对 COV、E_{mean} 及 E_{max}/E_{mean} 的影响

图 5.15 研究了当 a 为 427 mm 时，H 与 L 对矩形喷动床内电场强度及电场分布均匀性的影响。从图中可以看出，L 与 H 对 COV 的影响较小，COV 值稳定在 $0.45\sim0.55$，但对 E_{mean} 和 E_{max}/E_{mean} 的影响较大。当 L 为 900 mm 时，E_{mean} 值较小而 E_{max}/E_{mean} 值较大，说明局部集聚严重，应该在设计中避免；而当 L 为 1000 mm 时，不论 H 取多大，E_{max}/E_{mean} 值都相对较小，即电场集聚较小，对于结构设计比较理想。

通过单因素分析，a、H 和 L 对 E_{mean} 及 E_{max}/E_{mean} 的影响基本没有规律可循。由此可见，微波腔内电场值和电场分布比较复杂，其受多因素的交互影响。因此，本研究采用正交试验，通过方差分析法进一步分析各个因素对微

波腔内电场分布的影响。

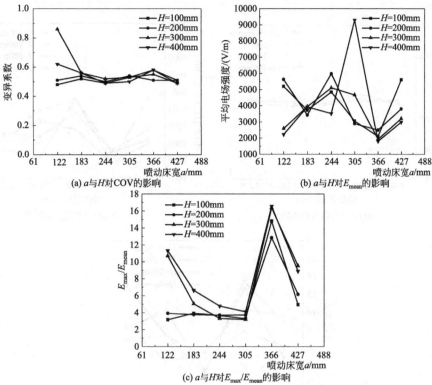

(a) a 与 H 对 COV 的影响

(b) a 与 H 对 E_{mean} 的影响

(c) a 与 H 对 E_{max}/E_{mean} 的影响

图 5.13　a 与 H 对 COV、E_{mean} 及 E_{max}/E_{mean} 的影响（$L=800\text{mm}$）

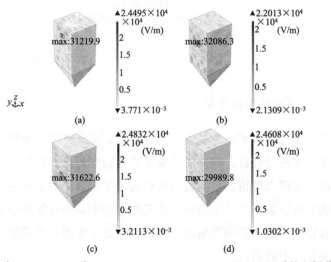

图 5.14　a 为 366mm，H 为 100mm、200mm、300mm、400mm 时的电场分布云图

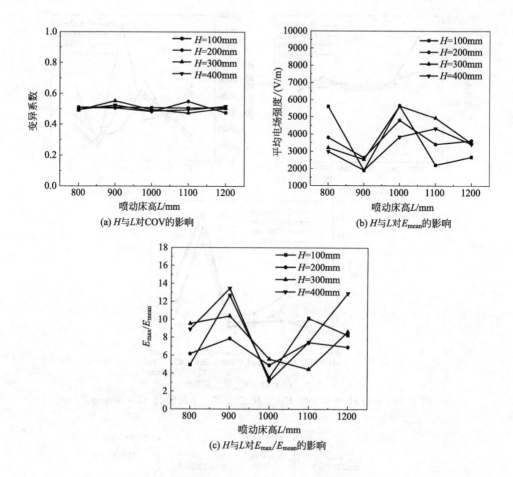

(a) H与L对COV的影响   (b) H与L对E_{mean}的影响

(c) H与L对E_{max}/E_{mean}的影响

图5.15 H与L对COV、E_{mean}及E_{max}/E_{mean}的影响 ($a=427$mm)

5.2.4.2   正交试验法数据分析

本研究正交试验因素水平见表5.1，对正交试验结果采用残差图、主效应图和交互作用图进行分析。残差图选取了正态概率图，当数值点紧紧分布在线的两侧则说明该结果可信。主效应图中的点是每个因子各水平的响应变量的平均值，虚线为响应数据的总平均值。交互作用图中是平行线则表示各因子不存在交互，若偏离平行状态则说明因子之间存在交互作用，并且偏离平行状态程度越大，交互作用越明显。

表 5.1　正交试验因素水平　　　　　　　　　　mm

水平	a	H	L
1	244	100	800
2	305	200	900
3	366	300	1000
4	427	400	1100

5.2.4.2.1　各因素及交互作用对 COV 的影响

图 5.16（a）正态概率图中，各数据点几乎在一条直线上，数据符合正态分布，说明结果可用。由图 5.16（b）、（c）可知，对于 COV 指标，a 与 L 和 H 均有交互作用，其中，a 与 L 的交互作用更加显著。由主效应图 5.16（d）可知，a 对 COV 的影响较大。因此，在设计矩形微波喷动床结构时，影响腔内电场分布均匀性的主要因素有 a、a 与 L 及 a 与 H 的交互作用。

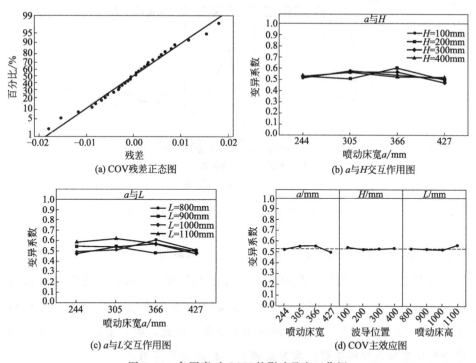

图 5.16　各因素对 COV 的影响及交互作用

5.2.4.2.2　各因素及交互作用对 E_{mean} 的影响

图 5.17（a）正态概率图中各数值点基本在一条直线上，数据符合正态分

布，结果可用。由图 5.17 （b）可知，a 与 L 对 E_{mean} 的影响有显著的交互作用。由图 5.17 （c）可知，H 对 E_{mean} 的影响最显著。因此，在设计矩形微波喷动床结构时，影响腔内电场强度大小的主要参数为 H 和 a 与 L 的交互作用。

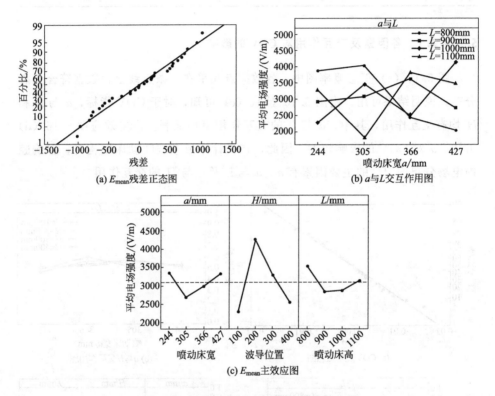

图 5.17　各因素对 E_{mean} 的影响及交互作用

5.2.4.2.3　各因素及交互作用对 E_{max}/E_{mean} 的影响

由图 5.18 （a）可知，数据基本符合正态分布，分析结果可用。图 5.18 （b）表示 a 与 L 对 E_{max}/E_{mean} 因素的影响具有交互作用。图 5.18 （c）中显示 a 和 H 的影响较大，其中 a 的影响更显著。因此，影响矩形微波喷动床内电场局部集聚现象的主要因素为 a 和 a 与 L 的交互作用。

综上所述，除了 a 与 L 的交互作用既影响电场强度大小又影响电场分布均匀性外，a 值（反映喷动床结构大小）主要影响电场分布均匀性，而 H 值（反映波导位置）主要影响电场强度的大小。

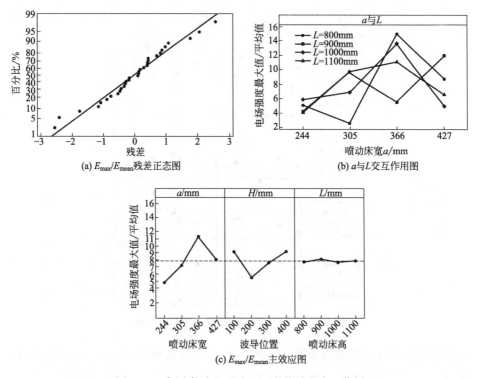

图 5.18　各因素对 E_{max}/E_{mean} 的影响及交互作用

5.2.4.3　基于电场强度与电场分布均匀性的矩形微波喷动床结构优化

图 5.19 显示了每个因素对最终优化结果的影响。由图可知，3 个响应的复合合意性为 0.9444，说明是一个最优化的解。为了使得微波腔内具有较高的平均电场强度、较好的电场分布均匀性和较小的局部电场集聚现象，本研究条件中的最优结构为 a 为 427mm，H 为 200mm，L 为 1000mm。

图 5.19 中竖线表示当前因素设置值；顶部数字表示竖线所代表的值；水平虚线和数字代表当前因素水平的响应。

5.2.5　小结

本研究基于电场强度和电场分布均匀性对矩形微波喷动床的结构进行优化，主要采用反映电场分布均匀性的变异系数 COV、平均电场强度 E_{mean} 和反映电场局部集聚的参数 E_{max}/E_{mean} 作为评价指标，通过单因素和正交试验

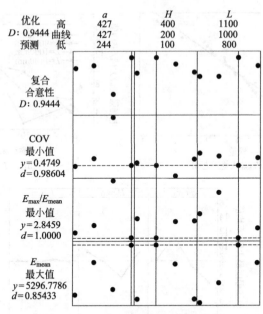

图 5.19　每个因素对最终优化结果的影响

法分别对喷动床中的结构参数 a、H 和 L 对评价指标的影响进行分析，结果发现：a 对 COV 和 E_{max}/E_{mean} 影响最显著，H 对 E_{mean} 值影响最显著；对于COV，a 分别与 H 和 L 之间有交互作用，且 a 与 L 的交互作用影响更显著；对于 E_{mean} 和 E_{max}/E_{mean}，a 与 L 之间存在交互作用。通过最优化响应器获得了单波导矩形微波喷动床结构的最优化组合 a 为 427mm、H 为 200mm、L 为 1000mm，该结构可以使得微波腔内具有较高的平均电场强度、较好的电场分布均匀性和较小的局部电场集聚现象。

◆ 参考文献 ◆

[1]　梁步阁，朱畅，张光甫，等．高功率全固态微波纳秒级脉冲源的设计与应用 [J]．国防科技大学学报，2004，26（6）：38-43.

[2]　刘钱钱，廖雪峰，陈菓，等．微波谐振腔内强化换热的实验研究 [J]．工业加热，2016，45（1）：1-4.

[3]　梁勤金，陈世韬，余川．1.2kWC 波段固态高效率 GaN 微波源研制 [J]．强激光与粒子束，2014，26（10）：211-214.

[4]　董铁有，贾淞，邓桂扬．高粒度矿粉的微波干燥工艺特性研究 [J]．干燥技术与设备，2015，13

(4)：29-34.

［5］　Feng H，Tang J M. Microwave finish drying of diced apples in spouted bed ［J］． Journal of Food Science，1998，63 (4)：679-683.

［6］　Feng H，Tang J M，Cavalieri R P. Combined microwave and spouted bed drying of diced apples：effect of drying conditions on drying kinetics and product temperature ［J］． Drying Technology，1999，17 (10)：1981-1998.

［7］　Feng H，Tang J M. Analysis of microwave assisted fluidized bed drying of particulate product with a simplified heat and mass transfer model ［J］． International Communications in Heat and Mass Transfer，2002 (29)：1021-1028.

［8］　Nindo C I，Sun T，Wang S W，et al. Evaluation of drying technologies for retention of physical quality and antioxidants in asparagus（Asparagus officinalis，L.）［J］． Lebensmittel-Wissenschaft und-Technologie，2003，36 (5)：507-516.